完美母女关系的秘密

結婚できないのはママのせい？
娘と母の幸福論

[日] 五百田达成 樱场江利子 著
宋晓煜 译

北京联合出版公司
Beijing United Publishing Co.,Ltd.

目 录

前 言 不顺利的原因在于母女关系？……………7

用来控制女儿的"母亲诅咒" 8

价值观发生冲突的时代 10

三十岁女性的处境 12

你对母亲有何要求？ 15

聊到自己的隐私时，要把握好说话的度 16

寻找真正属于自己的空间 18

在感谢老妈的同时，向老妈递交"解雇通知" 20

第 1 章 谈不了恋爱都怪老妈？………………1

恋爱因母亲的反对而动摇 3

放心不下女儿的母亲，离不开母亲的女儿 5

如何从被灌输的价值观中解脱出来 8

不自信的女性往往会被坏男人纠缠　9
哪些女性容易爱上有妇之夫　11
冷静思考母亲的劝告　12
真的是"为了你好"吗？　14
参考其他家庭或小说中的世界　17
了解母亲真实形象的意义　18
像对待同性朋友一样和母亲相处　20
像对待上司一样和母亲相处　22
先试着表达自己的心情　23
如何摆脱母亲最可怕的逼婚　25
软化母女关系的"商务沟通技巧"　27
了解母亲的想法后，更能确定自己的恋爱观　29
只要女儿幸福，最终母亲会原谅一切　31

第2章　结不了婚都怪老妈? ………… 33

"你无法获得幸福"——来自母亲的诅咒　35
如何摆脱母亲的控制　38
护女"诅咒"反而导致女儿被坏男人纠缠　39
越是不缺爱的人越能做真实的自己　41
母亲最多只能把女儿教到和自己一样的程度　43
致仍然无法对母亲释怀的你　44

究竟该怎样配合母亲的"理想婚姻蓝图" 46

正因为是自由时代，才应了解人生的时间有限 48

幸福女人的择偶标准 50

只有自己作出选择，才不会后悔 51

想象一下死时的情景，问问自己是否会后悔 53

母亲都希望女儿能获得幸福 54

认真考虑结婚的理由和动机 55

留在母亲身边并不意味着孝顺 58

经营家庭就像开公司 60

女儿独立意味着母亲结束了一项使命 61

第3章 为何老妈不认可女儿的工作？ ……… 63

对干涉自己工作的母亲感到烦躁 65

母亲那代人不了解现在的工作形势 67

母亲不知道依赖男人会有风险 69

什么都不了解，却妄自认为女儿"无能" 71

如果无法忍受，那就存钱过独立的生活吧 73

让工作更容易获得好评的秘诀 74

工作上的牢骚应该对谁说 76

从工作中获得自我肯定 78

别误以为自己一无是处 80

能够冷静地谈论钱和性，才是真正的成年人　81

与总是把你当小孩的母亲诀别　83

以成年人的姿态面对母亲　85

成为有担当的人　87

无须和母亲决裂　89

第 4 章　家庭不和都怪老妈？ ············· 93

重新衡量母女距离　95

不独立的女儿与不离婚的母亲一样　97

如果家里有兄弟，母亲对待女儿会有何不同　99

姐姐很辛苦，并且责任重大？　101

一直被当做小孩的妹妹也很痛苦　102

站在独生女的立场上　104

关于孩子的自我主张　106

相互信赖就不必担心？　108

养育子女是父母自己的决定和义务　111

女儿对母亲的最好报答就是获得幸福　113

被迫演绎各种角色的女人们　115

无须小心翼翼地对待的家人　117

所谓的完全知我懂我的人，不过是幻想　119

通过自立来满足想被他人理解的心情　121

第5章 满怀感激地"解雇"老妈·················125

致老妈:谢谢您一直以来的照顾 127

放下对母亲的过分畏惧 129

关于"我必须照顾妈妈"的使命感 131

幸福的条件①:"能够爱自己" 133

幸福的条件②:"相信自己与他人" 134

幸福的条件③:"对周围作出贡献" 135

金钱、事业、结婚哪个都可优先发展 136

不要被媒体上出现的"母女相处模式"愚弄 138

对母亲而言,外孙和外孙女只是"奖金" 140

不完美也没有关系 142

只要心灵自由,每天都会快乐 144

长寿时代,孝顺母亲的时间还很长 145

自由会让你有魅力,带来更多的桃花运 147

穿着婚纱向母亲奉上"感谢状" 148

尾 声 兼致三十岁女性的母亲·················151

认同价值观的多样性 153

不要束缚女儿,给女儿自由 155

您的女儿没有问题 156

附录一　试着画出属于自己的人生图表 …………… 158
附录二　自己是怎样的人？ …………………………… 160
附录三　母亲是怎样的人？ …………………………… 161

出版后记 ………………………………………………… 162

前　言

不顺利的原因在于母女关系？

明明知道母亲是在关心自己。明明知道母亲只是想靠近自己。

明明把母亲视为重要的人，母亲如果有事，自己必然会非常担心。

可是，为什么在面对母亲时，总会不自觉地暴躁？

明明把母亲当做家人和人生的前辈，明明想和母亲愉快地相处，可是一旦与母亲交谈，却总会生气、伤心、失落。

母亲嘴里冒出的一个句子，母亲脸上流露的一个表情，总能轻易地打击到我们的情绪。有时我们更会因为顶撞母亲而使母女之间摩擦顿生，甚至事后还会留下芥蒂……

母女之间的关系本该是亲密无间的，但有不少女性却正在为母女关系所苦。而且在笔者印象中，近来为母女关系所苦的女性越来越多。

但是，尽管我们因为无法与母亲和睦相处而烦恼，却找不到可以倾诉的对象。因为即使想对朋友诉说烦恼，但母女关系可是比男女朋友关系更为私人的话题,所以让人难免有所迟疑。

而且就算向朋友诉说了,朋友大多也只会轻描淡写地回答:"不是说越吵架感情越好吗?""哎,你要对你妈好点",接着就没有下文了。

笔者每天都会与各种各样的女性讨论人生烦恼。以前,大多数女性都在为恋爱、工作而烦恼。不知从什么时候起,谈着谈着就变成了母女关系问题。

与他人的交流问题、缺乏自信、不断重复同样的失败、选择恋人的难题、婚姻生活的困难等,究其根本,她们所担负的各式各样的人生烦恼都与母女关系有关。

为何母女关系变成了如此敏感而沉重的话题?

用来控制女儿的"母亲诅咒"

"你怎样了?真的没事吧?"

"你那个男朋友似乎有点……"

"你恐怕做不到。"

"你得时刻记在心里。你也知道,这都是妈妈常说的话。"

"你会和妈妈永远在一起吧?"

母亲的唠叨如同秤砣一般悬挂在你的内心,有时掺杂着叹息，有时令你焦躁，从而引发激烈的争吵。

"妈妈，你什么都不知道！"

即使试图反驳母亲，这些反驳的语句却反而令你的内心更加困惑。

"我真的没问题吗？这样做真的可以吗？真的没错吗？"

母亲的唠叨如同魔法一般施加在女儿身上，并持续产生着影响。而女儿则被那些唠叨束缚，丧失自信，害怕作出选择，甚至难以向前踏出一步。

就这样，母亲的唠叨对于女儿而言，便称得上是一种"诅咒"了。

当然，它并非真正的魔法咒语，而母亲在说这种"咒语"时也根本不是打算害女儿受罪。

为了让自己视若珍宝的女儿能够过得幸福、不被伤害，母亲真是操碎了心，而母亲也是发自肺腑地提出建议的：

"为什么你会……"

"妈妈为什么要……"

就这样，母亲与女儿相互争吵着。结果发现，原来双方价值观的不同才是造成冲突的原因。

以前在日本，存在着强烈的、格式化的价值观，认为"某件事就应该这样"，人们则倾向于努力使自己符合格式化的价值观。

不能说这种价值观一定是坏的，但遗憾的是，所谓的"某件事就应该这样"并非是能够超越时代的具有共通性的观念，而是会随着时代变化而变化的。

如今，三十岁女性所生活的社会，已经与她们母亲年轻时生活的时代在普遍价值观上有了巨大的不同。

母亲那一代的女性认为"女性应该这样"，而现在的三十岁女性则认为"自己应该那样"，两者之间存在许多互相矛盾之处。

当然，女儿是女儿，妈妈是妈妈。如果双方能互相尊重对方的价值观，那就皆大欢喜了。事实上，也的确有一些母女做到了这一点。

但也有一些母女认为："既然你不理解，那就算了，再见。"她们就这样干脆地划分界限，彼此之间拉开一定的距离。

另外，还有一些母女"在观念上毫不退让，也不打算退让，并且还努力想要让对方理解自己"，这种固执往往导致激烈的争吵。

价值观发生冲突的时代

本来，对孩子而言，母亲的影响力就大得惊人。甚至可以说，孩子价值观的雏形就是在母亲的影响下逐渐形成的。

理所当然地，孩子会成长变化。大约在青春期，孩子会渐渐形成自我，而母亲所灌输的价值观则会干扰到孩子。

在所谓的逆反期，如果孩子与父母发生观念上的冲突，孩子就会顺利确立自己的价值观。这种情形反而会对将来有益，因为当其长大成人后，可以轻松地与成年人交往。

但还有一些孩子在青春期阶段并不叛逆，老老实实地遵从母亲的价值观。长大以后，这些人便常会遇到许多棘手的问题。

"妈妈说的都是对的。"

"按妈妈说的去做肯定没错。"

她们简直是复制了母亲的成长道路，然而当她们成人后，却无意中惊觉，原来自己持有的价值观完全不适合现在这个时代。她们感到不自由，认为不合道理的事情太多。她们推想自己迄今以来到底失去了多少东西，然后愕然发现，原来自己已经失去了那么多！

不幸的是，现今的三十岁女性与她们母亲那一代人的价值观差异尤为巨大。

一方面，母亲那代人在年轻的时候并未像现在的女性一样在社会上工作，她们在经济上处于依赖地位。另一方面，那一代女性的生活方式、生活状态也远不如现今这般多样化。

因此，就算母亲那代人要求女儿"这样生活"，女儿这代人也难以赞同；抑或她们按照母亲的要求做了，却很有可能因为与当今时代存在鸿沟而感到十分痛苦。

这种母女之间的冲突，在某种意义上来说具有普遍性。

在过去，想必也有不少女儿厌烦母亲提出的各种建议。但不同的是，"在一定年龄之前嫁人，离开娘家，生育子女"是过去女人们所共通的人生大前提。母亲与女儿发生摩擦的时间极为有限，随着女儿长大成人、生儿育女，家庭角色的转换会使女儿更加容易理解母亲。但是在现在这个年代，这种情况却难以出现。这正是现今母女问题的特殊所在。

三十岁女性的处境

男女雇佣机会均等法是在大约三十多年前开始实施的。

可能有些母亲在三十多年前就开始与男性共同工作，并积累了大量经验，现在仍然在职场上活跃。

如果是这样的母亲，想必就能够理解女儿的处境，能和女儿从同一角度讨论问题，并提出女儿可以接受的建议。

然而这样的母亲极为稀少。尽管三十多年前，法律已经开始逐渐完备，但是当时的女性大多在结婚、生育时辞职，转变成家庭主妇。

从那以后的三十多年里，这个讴歌男女平等的国家（日本）在结构上几乎没有发生什么变化。如今的三十岁女性面临着"生活方式""工作方式"转变等课题，而事实上，社会机制却仍未跟上女性的变化。

接下来，女性持续工作会成为必然趋势。

日本正在走下坡路，为了更好地生活，就必须努力工作、努力存钱。

不想被他人视为只知道工作的怪人，所以必须找个人谈恋爱。

必须找个各方面都合适的男人结婚。

结婚后当然要生孩子。

即使生孩子也不能中断事业，必须考虑产后上班的问题。

不论年龄如何增长，也要令自己时刻保持年轻的状态，光彩照人……

社会总是给女性设置更高的门槛，而女性也在给自己不断施加压力。

社会结构与社会常识难以发生改变，而比它们更加顽固不化的则是"母亲的头脑"。

"为什么工作那么辛苦？要不你辞职吧？"

"没有遇见合适的对象吗？"

"他怎么还没向你求婚？没问题吧？"

"妈妈在你这么大的时候早就生下了你。"

"哎，你一直一个人过，以后打算怎么办？"

母亲的唠叨令你的焦躁感濒临峰值。

"我都已经这么努力了，你还对我有那么多要求！"

你不禁想要爆发。

相对而言，三十年前的男性与三十年后的男性在生活方式上没有什么不同，变复杂的只有女性。

尽管社会上常常叫嚣着"女性时代"，尽管女性面前摆着众多选项，但这并不意味着作完选择就能顺利解决问题。

恋爱、结婚、生育、职业、金钱、社会地位……事实上，女性所必须获得的东西只会不断增多。

做女性已经如此辛苦，可是母亲还不理解自己，不肯为自己鼓劲加油。虽然说"女人的敌人是女人"，但是现在的女性在社会上不仅要和女人争，还要和男人争，回家以后又要和老妈争……

对现在的三十岁女性而言，到底哪里才是她们的避风港呢？

你对母亲有何要求?

你希望家庭是自己的避风港,你希望和母亲保持和睦的关系,你希望母亲能理解自己、支持自己。

如果你真的这么想,那我就要问问你:

"你是否能充分理解你母亲的立场呢?"

母亲作为家庭主妇,职责是守护家庭。她为家庭成员的健康与幸福操碎了心。母亲一边要操持家务,一边要做好后盾,支持子女和丈夫在学校和公司取得优异的成绩。理所当然地,母亲在经营家庭时必然有她自己的风格,必然会朝着她心目中理想的家庭形象努力。

在这种情况下,家里的一个成员突然开始宣扬与母亲不同的价值观……

也许母亲会立刻反对这一价值观,又或许她会对不符合自己理念的家庭成员感到不满。

对孩子来说,母亲原本是包容和理解自己一切的人,是母亲一直在守护自己。而在她小时候,母亲确实是这么做的。

但是,随着孩子成长为一个成年女性,她也吸取了丰富的社会经验。恐怕母亲在她这个年龄时,还远远没有她经历得那么多。

一个出色的成年女性要求一个比自己社会经验少的对

象理解自己，一旦对方不理解自己，就感到不满和愤怒："你不理解我，实在太过分了""拜托你多理解下我"……这些想法未免太没有建设性了。

母亲只是一个极为普通的不完美的女人，她并不是能理解你一切的超人。对于在社会上摸爬滚打的女性的烦恼，经验不足的母亲不可能总是提交最佳答案。

不要对母亲有过高的要求和期待，这样一来，你才有可能会过得更加轻松。

聊到自己的隐私时，要把握好说话的度

我曾遇到过一些女性，她们"和妈妈关系很好，无所不谈"。

家庭关系和睦是件非常棒的事情。然而当我问及她们到底聊些什么内容时，她们的回答则有时让我大吃一惊。

日常生活、与朋友之间的点点滴滴、和男友去哪里约会……聊到这个程度的话，并没有什么问题。但是，如果和母亲报告并讨论自己与男友的性生活，那就有些过度了。

成年人应该拥有独属于自己的空间。而不得不说的是，不论什么隐私都和母亲一起分享，未免有点幼稚。

我认为，正是因为你希望"自己被某人保护"，所以才

会什么都向对方汇报,而且不觉得自己有问题。

与聊天对象的关系不同,聊天内容的深度也会有所不同。

比如说,夫妻两人中有一人会晚归,如果他只告诉伴侣"今天会晚点回家",对方会理解吗?抑或他该详细地向对方解释:"今天我要和某某去吃饭,大约几点回家。"

当然,不仅是夫妻之间,父母与子女之间、朋友之间等都是同一个道理。把握好说话的度,才能证明你的交际能力。

为了与他人保持良好的关系,对于自己的隐私,什么能讲、什么不能讲,都要作出较好的判断并把握好度。一不小心什么都告诉对方,抑或与此相反,必须讲的事情却没有讲,都会导致两人之间产生隔阂。

另一方面,由于母亲与女儿是同性,所以有些人深信母女之间在心理上会极为亲密,以为"即使我什么都不说,对方也知道""就算我什么都不讲,对方也懂我"……她们要求母女之间存在一种无言的默契。

而这正是造成相互误解、发生相互误会的原因。

倘若母女双方不肯放弃所谓的"对方理所当然地应该懂我""无话不谈很正常"的想法,她们就永远无法从互相撒娇或互相伤害的关系当中解脱出来。

寻找真正属于自己的空间

博报堂生活综合研究所《生活动力2013》的研究显示，无论已婚未婚，日本目前父亲或母亲健在的"孩子"多达8700万人。也就是说，日本总人口当中有很大比例的人还是"孩子"。对于这种现象，我们不能用"少子化"，而应该用"总子化"来形容。

那么，这个现象到底意味着什么呢？

首先，姑且不论父母是否能在经济和心理上帮助自己，越来越多的子女仍然视自己为"属于某个地方的自己""被某人守护着的自己"，从而难以确立作为"个体"的自己。

不仅是三十岁的女性，其父母那一代人当中也有不少人的父亲或母亲仍然健在，他们身上可能也依旧存在着孩子气的地方。

我爱我的家人，我和他们经常在一起；我会带着他们去购物，要是出了什么事，我们会团结互助；我们每天打电话，经常发邮件……这样的生活，看起来很幸福。但如果与母亲距离过近，从而感到窒息或不自由的话，就到了重新衡量母女关系的时候了。

有以下三个解决方法：

①抛弃母亲。

②作为一个成年人与母亲和解。

③组建自己的家庭。

①"抛弃母亲"

指在精神上实现自立,不再反复寻求母亲的包容和理解,而是在思考和行动方面实现自己对自己负责。同时,当母亲向自己寻求包容和理解时,也与母亲划清界限,保持一定的距离。

②"作为一个成年人与母亲和解"

这是指不再傲慢地认为"母女之间理所当然地应该互相理解",而是要努力弥补对话中的不足,相互承认与对方的不同之处。同时,还要作为一个成年人与对方保持距离,实现母女双方相互尊重。

③"组建自己的家庭"

指的是从母亲身边独立,建立自己的家庭。换言之,寻找一个比母亲更加重要的人,和他结婚。

而一旦拥有了自己的家庭,就要首先把自己与伴侣的信赖关系排在第一位。除非出现紧急情况,或者抚养孩子时需要母亲帮忙,否则的话,在日常生活中要尽量避免母亲介入，自己独立经营家庭。这样，才真正做到离开母亲。

在感谢老妈的同时，向老妈递交"解雇通知"

说到底，母亲只是个普通女性，几乎随处可见。

因此，母亲并不意味着绝对，她的想法也并不代表一切。母亲也是人，不可能没有缺点。当她的想法和感知出现偏差或者扭曲时，我们也不能去责备她。

既然你已经顺利长大成人，发现了自己的梦想，找到了自己的工作，那么就差不多该给母亲发"退休证"了。

总以母亲的价值观为判断标准，竭力让母亲认可自己，这并非成年人的行为。至于火冒三丈地叫嚣"都怪妈妈"的行为，更是停止才好。

"那样不对""我没法接受这一点""这件事暂且还是不要公开"……像这样自己进行判断并承担起责任，努力向前迈进，才是成熟健全的行为。

毫无疑问，把你养育到现在这个状态，要归功于母亲。

为了重新审视自己，你开始阅读这本书。是你的母亲，把你培养成一个知性且愿意思考的大人，她非常伟大。

正因为如此，你才需要从母亲身边毕业。把母亲"解雇"，给她自由。

想必你已经凭借自己的努力获得了不少成果，也已经积累了许多人生经验。那些都是你自己的东西，而不是母亲的。

从母亲身边"毕业"，不再与其保持思想一致，以不同的"人格"与其对话，你们之间的关系便一定可以更上一层楼。

如果你担心自己无法实现上述状态，担心母亲不会接受你的独立，那该怎么办呢？

没关系。下文将详细讲述你所需要的答案。

第 1 章

谈不了恋爱都怪老妈?

恋爱因母亲的反对而动摇

"以后不许和那孩子一起玩,没礼貌,还唧唧喳喳。记住了吗?"

朋友刚离开我家,老妈就严肃地说道。

好朋友被老妈批评得一无是处,我自然感到不满与伤心,可是对着满面怒容的老妈,我却什么都反驳不了。

如果背着老妈偷偷和好朋友玩耍,一旦被发现就更糟了。老妈肯定会严厉地指责我撒谎。

因为这个缘故,尽管并非出自本意,我最终还是不得不唯老妈之命是从。

"今天能一起玩吗?"

"抱歉,不能。"

"今天还不行吗?"

"不好意思,今天还是不行……"

如上种种,想必很多人都有类似的经历,也都曾这样失去了自己的朋友。

长大成人之后,同样的事情仍在发生。

"我觉得他不怎么样啊。不够稳重,人又轻浮。上班的地方……是家小公司吧?"

不是的,他对我很好,人很阳光,工作上也很上进……尽管并不认同老妈的批评,可我还是无法直接反驳老妈。

老妈的反对最终还是影响到了我们的感情。和他约会时,老妈那句"我觉得他不怎么样啊"总徘徊在脑海里,使我对他的喜欢之情也逐渐消散。

中学时代也就罢了,但为什么女生长大成人后,就连恋爱都会受到母亲意见的左右?

那是因为**在女儿内心,总是把母亲的意见看得非常重要。**

母亲深爱着女儿,最期盼的就是女儿获得幸福。然而,愿望越强烈,"担心"就越剧烈,一点点不安都会被迅速扩大。

"带手帕了吗?纸巾带了吗?中午要下雨,带折叠伞没问题吧?"

在母亲眼里,女儿永远是个孩子。

而已经长大的女儿，也仍然如同孩提时代一般，自然而然地被母亲操心着。女儿越是单纯善良，情况越是如此。

放心不下女儿的母亲，离不开母亲的女儿

就这样，母亲总对女儿说不，女儿自然会感到被母亲操纵，甚至觉得自己失去了独自闯荡的勇气。

母亲把女儿生下并娇养其长大，她是这个世界上最了解女儿的人。在劝告或警告女儿时，母亲清楚该怎样表达效果最好，她可以轻易地从女儿的态度、声音、表情中知晓女儿在想些什么。

当女儿没有按照母亲所设定的轨道前行，母亲的唠叨便如影随形。

有些母亲由于过度担心女儿，不但在口头上控制女儿的行动，而且像跟踪狂一样时刻留意女儿的动向。更有甚者，还会偷看女儿的手机，查阅她微博和博客的信息。

母亲之所以对女儿的控制欲如此强烈，或许是因为在母亲心里，女儿不仅仅是个"可爱的孩子"，还是"自己的所有物"。

作为女儿，如果不在母亲和自己之间划条明确的界限，母亲就会对自己的一切唠叨不停。

被母亲唠叨后失落、焦躁、失去自信,不少女性会陷入这样的情感怪圈,难以脱离。这是什么缘故呢?

出现这种情况,不应仅仅把罪过归咎于母亲的控制欲,被母亲控制的女儿也有一定责任。

不自觉地希望生活在母亲的庇护中,只要自己不作决定,就可以不必承担重大的责任。如果是这样想,那么,"听妈妈的话"就成了唯一的选择。

甚至如果作出了错误的选择,还可以把责任都推到母亲身上。

这个年代的三十岁女性,她们的母亲是在泡沫经济时代养育子女的。泡沫经济时代的母亲们并不介意在子女身上多花钱。不论是学习、兴趣,还是衣食住行,那个时代的母亲都尽量满足子女的愿望。正因为被母亲以这样的方式娇养大,所以对女儿来说,受母亲庇护便成了理所当然的事情。也正因如此,女儿往往难以从这个定位中脱离。

如此一来,母亲有母亲的理由,女儿有女儿的想法,母女关系也就变得越发复杂。

处理母女关系最重要的一点是,"女儿应加深对母亲的理解"。

母亲精心守护着女儿长大,当女儿长大成人,就立刻要求母亲放松对女儿的控制，这对母亲来说，简直痛如刀割。在某种意义上，**女儿应该明白，母亲对女儿的沉重束缚，正是源于母亲对女儿深深的爱。**

如果女儿断然拒绝母亲的安排，或者顶撞母亲，伤害到她的感情，那么母女关系就会变得更加糟糕。

另外，笔者在略为冗长的前言中也曾提到，现在的三十岁女性与其母亲那一代在价值观上有着巨大的代沟。

母亲们所谓"普遍"的事物，现在往往已经不再"普遍"。如果无法理解这一点，那么无意义的争论只会不断增加。

当自己的常识在女儿面前行不通时，母亲常常会感到焦躁。然而，如果女儿因为怕母亲生气而盲从于母亲，就更加糟糕了。

重要的是，女儿应该把母亲当成自己的上司，努力和"上司"斡旋，争取贯彻自己的主张。

想必没有人会对上司直来直去，哭着抱怨上司"为什么不理解我"；但如果只是对其唯命是从，那也别活了。因此，我们可以把成年女儿与她上了年纪的母亲之间的关系，看做下属与上司之间的关系。

如何从被灌输的价值观中解脱出来

尽管如此，但实际上并不是所有人都能成功地反抗母亲的安排。

她们从小就被原封不动地灌输了母亲的价值观，在该价值观的操控下，想必有许多人都感到不自由。

按照常理，青春期是母女之间发生大肆争执的时期，二者间的争端在女儿青春期时就该有个决断了。然而，这一代子女成长于泡沫经济时代下的优渥环境，因此他们所要面临的难关更高。

当母亲对女儿说"那种想法有问题""我年轻时如何如何"的时候，女儿往往会对自己的想法和感知越来越缺乏自信。

每当需要作出选择时，女儿往往会按照母亲的标准来思考问题，并且会不安地问自己："这样行吗？"

如果在找男朋友时被母亲的标准束缚，按照母亲的想法去考察男方的年收入、社会地位、职业、家世等，那么在现在这个时代，你连好好谈恋爱都做不到。

若由母亲帮着寻找合适的结婚对象，这个方案或许可行，但估计还会有其他问题，有可能女儿就会心存不满："别人都在享受自由恋爱的快乐，为什么我跟他们不同？"或者女儿会瞒着母亲偷偷和男人交往，但是内心深处却无法摆脱违背母亲教诲的罪恶感。

诸如此类的价值观差异想必在各个家庭里有不同的表现。

该如何去做,要看自己怎样选择。是甘心接受母亲的安排?还是久久地犹豫、最终选择顶撞母亲呢?如何决定,完全在于自己。

不自信的女性往往会被坏男人纠缠

如果一个人以母亲的价值观为人生标准,而自己的价值观又尚未成形,这个人就会缺乏自信。如此一来,一旦有人对她赞赏有加,她就很容易喜欢上对方。

"没问题的""这样就行""你努力过了"——倘若无法获得他人的肯定,她就难以安下心来。

有的女性常常过分在意周围人的想法,每天都在关心"自己现在的状态有没有问题""是否能获得他人的认同"等问题。而偏偏就有人能够轻易看穿这些女人的想法,其中有些男人对这类女性可谓虎视眈眈,专门瞄准她们下手。

如果一个人的价值观不够稳定,被赞赏时就会沾沾自喜,被贬低时又会轻易地跌落谷底。周围人的一句评价就能轻易动摇她的情绪。

在男人看来，要把这类女人耍得团团转，可绝非难事。

"你这样不行啊。"

"你到底学了些什么东西？"

他会先严厉地斥责女方，使其消沉并丧失自信。接着又夸奖她："干得不是挺好吗？"

"你努力过了，我就知道你能行。"

诸如此类的赞赏会令女方的情绪高昂起来。

如果一个人对自己有足够的自信，那么她就不会因为被斥责或者被赞赏而产生心情的极端变化，并且有足够的理智察觉对方言语中的真正意图。

但是，缺乏自信的女人却很容易被他人左右心情。

顺便说一句，有的人过度沉浸于学习与工作当中，甚至令周围人感到担心。这样的人也极有可能轻易被他人左右心情。当然，努力是件很棒的事情，但如果努力学习、努力工作是为了填补内心的不安，那么这种情形就有些令人担忧了。

不过不管怎么说，这样的女人往往是在恋爱方面令人担忧的。

她们需要注意别被控制欲强且不诚实的男人纠缠。

哪些女性容易爱上有妇之夫

在被母亲灌输价值观之前,有些女性自小就与母亲感情不合,她们一直深深地感觉自己"缺爱"。

这样的女性已经不处在因责备或夸奖而患得患失的层面上了,由于她们有着强烈的缺失感,因此会不自觉地去寻找能填补自己空虚的对象。

一旦她遇见一个温柔体贴、耐心聆听自己的人,不论对方是同性还是异性,便都有可能全面地依赖对方。

"这个人应该能理解我!"她欣喜地向对方冲去。然而不幸的是,这些女性遇见有妇之夫的概率实在是不低。

她所需要的依赖对象既要有包容力和理解力,又要宽容地、不作任何批评地聆听自己,而同时具备以上特质的人,往往以年长者居多。因此,从概率上来说,"缺爱"的人陷入不伦关系的风险较高。

按理说,如果我们遇见需要帮助的女性,觉得自己"不能置之不理"的话,就会选择认真倾听并提出自己的建议。从不被社会非议的角度来帮助这些女性,理应是符合社会常识和道义的应对方式。

然而如前文所述,"有些男性对这类女性虎视眈眈",她们一旦被这样的男性盯上,可就糟糕了:她们的心情起伏会被男人左右,甚至还会被任意利用。

此外，如果女性自己不预先了解自身的这一弱点，其结局就有可能是被人伤害，浪费了宝贵的青春和人生机遇，甚至蒙受严重的创伤。

尽管女人会试着说服自己，让自己相信对方爱着自己，他们是在谈恋爱，并不存在利用关系。然而，和有妇之夫陷入情网所带来的风险实在是非常高，结局往往得不偿失。

与其如此，还不如从"缺爱"的执念中努力解脱出来，这才是对未来的人生绝对有益的方式。

冷静思考母亲的劝告

几乎所有母亲都真挚地爱着自己的女儿，这是事实。

然而有些时候，母亲的所作所为虽然是为女儿好，却束缚了她的自由。

被母亲的言行过多地束缚住，就会产生各种弊端。

"你的衣服太花哨了吧？"

"这个颜色不适合你，看起来很怪。"

若母亲经常这样批评女儿，那么女儿在挑选喜欢的衣服时，就可能会越来越优柔寡断。

"学那个有什么用？"

"你怎么能在那种公司工作？"

面临人生的重要关口时，母亲便开始评头论足。最后，"你这个男朋友似乎有点……"

一句含糊不清的评价都可能会让女儿在选取人生伴侣时抓狂。

如果母亲的建议有用，女儿当然应该参考。

但如果女儿对母亲的建议心存疑虑，担心自己的理想无法实现，那就无须认真听取了。

你的身体，你的人生，毫无疑问都属于你自己，而非母亲。

只要你有决心为自己的选择负责，那么，当母亲用"不听老人言，吃亏在眼前"的心态说道：

"你看看，妈妈说得没错吧！"

这个时候，你便无须畏惧听到她的任何非难。反正你也不会找母亲给你收拾残局，所以完全可以装作没听懂，把这些话置之脑后。

不论谁去作选择，都会有失败的风险。然而如果能够获得自己所期待的结果，那么你所收获的巨大喜悦也是无可替代的。

为了享受人生，发展出良好的恋爱关系及人际关系，我们需要从母亲那些类似"诅咒"的劝告当中解脱出来。母亲对自己下了怎样的"诅咒"？母亲的哪些言论夺走了自己的自由和思考能力?

让我们回首童年时代,仔细回想。冷静地思考,母亲那时的劝告是否现在仍对自己生效。

真的是"为了你好"吗?

"我是为了你好才这样说的。"

"你知道妈妈为了你,已经忍了多久了吗?"

"你知道我为什么不和你爸离婚吗?我都是为了你的将来考虑。"

可能有些人经常听到母亲唠叨这几句话。作为子女,你可能一方面背负着罪恶感,觉得自己给母亲添了不少麻烦;另一方面又怀着逆反心理,觉得并不是自己求着母亲这样做的。

一句"为了你好",在某种意义上可以说是"传家宝刀"。如果你反驳说,"又不是我求着你那样做的",就意味着你在践踏母亲的心意,必然会被骂为"不孝"。

然而,真的是"为了你好"吗?

小时候,母亲强制我们学知识、学特长,从某种意义上来说,或许的确是"为了孩子"。孩子什么都会当然是最好不过,并且若能发现孩子某方面的天赋,对将来也有好处。

至于对我们的工作评头论足，那是为了我们的生活安定着想，所以被说几句也是无可厚非的。

但是，一句"我是为了你才没离婚的"，却意味着母亲把自己人生不顺的责任归咎给了子女。对于这句固定台词，我们又该怎样想呢？

这句让女儿感到无比沉重的唠叨，或许只是因为母亲一时焦躁才顺口说出，而并非发自其内心。

说到夫妻感情问题，非当事者是无法了解所有详情的。毕竟关于父母的真实想法以及夫妻关系，双方往往各执一词，就算女儿绞尽脑汁，也无法作出判断。因此，女儿完全没有必要认为自己应该对父母的行为负责。

实际上，在心理咨询中有时会遇到这样的案例，有些女儿会认为："爸妈关系那么差，要真是为了孩子，还不如离婚呢。"

不过，与现在不同的是，在过去，离婚是个更为重大的决定，毕竟女性在经济方面处于弱势地位。可能有些母亲想离婚却不敢离，所以便把不能离婚的理由强行归咎到孩子身上。

姑且不论大人是因为什么缘故不离婚，一方面母亲告诉孩子是"为了你好"，另一方面孩子又目睹着父母（貌似）完全冷却的夫妻关系，这样下去，孩子会变得十分悲伤和不安。

那种悲伤和不安甚至会在孩子长大成人后继续产生不良影响。在那样的环境下长大的女儿一旦遇到某个困境，就很容易将因果关系的原点归罪于自己的成长环境。

"因为从小缺爱，才会有所欠缺吧？"

"这样的自己，将来能经营好家庭吗？"

并且当问题真的出现时，就会如同母亲肆意挥舞"传家宝刀"一样，轻易地为自己找借口："因为我和我妈的感情不好……"

一旦开始找借口，她就会发现，很多问题都有了答案。

"和朋友有矛盾，是因为没有在和睦的家庭长大。"

"无法和男性顺利交往，是因为父母没有做出该有的表率。"

诸如此类的借口可以无限活用。每当人生不顺的时候，它们都可以作为理由，来回登场。

然而，尽管在相似的家庭环境中长大，有些女性却能顺利地抓住幸福，不再重蹈父母的覆辙。

如果希望自己拥有幸福的人际关系，与其抱住那个"能简单解释所有生活不顺的理由"，不如试着向前踏出自己的一步，才是更重要的事。

参考其他家庭或小说中的世界

在对于恋爱、结婚感到迟疑的女性中,有些人会对母亲怀有复杂的感情,担心自己会和母亲在同一个地方跌倒(遭遇同样的命运)。

离婚是会遗传的,不幸是会有连锁反应的……听到这类莫名其妙的言论时,或许你会感到心痛,但其实并没有必要把它们放在心上。

笔者采访过许多女性,发现在她们当中,越是不安地认为"自己也有可能不幸",越是容易招致不幸的到来。

确实,来自母亲价值观的影响不可谓不大。但是不论影响有多大,女儿终究是女儿,她与母亲并不是同一个人。尽管她们身处相似的环境,也不意味着她们会面临同样的命运。

因此,担心"自己肯定也无法获得幸福",是没有道理的。

尽管如此,她们的不安也可以理解。毕竟她们没有值得参考的对象,无法在脑海中形成模范家庭的图像。既然难以从父母身上学到什么,那么就有必要参考自己家庭以外的存在。

亲戚家也好,朋友家也好,都可以用来参考。

如果觉得其他家庭很和睦,令人羡慕,就去那里玩,观察别人家的交流方式，听一听他们的价值观和思考方法。

例如，有的家庭伴侣之间说话轻言细语，爸爸可以毫不顾忌地对妈妈说"我爱你"。

此外，也可以从各种书籍、电影、电视连续剧等事物当中学习，形成价值观和家庭观。

即使是虚构的世界，多读读、多看看，也可以增长见识，了解更多的价值观。

还可以咨询一些恋爱生活、婚姻生活较为幸福的朋友，问问他们"看过哪些电影（书籍、电视剧）后，比较有感触""有没有什么好东西可以推荐"等，这些都可以作为参考。

了解母亲真实形象的意义

前文反复强调，母亲的价值观并不是绝对的，所谓的背离母亲价值观就会不幸的想法，也不过是胡思乱想。

孩子从小遵从母亲的教诲长大。越是所谓的好孩子，越是会毫不抵触地听从母亲。

然而，时代在变，价值观也在变。况且女儿与母亲具有不同的人格，为了朝着自己的梦想前行，有时女儿会选择与母亲截然不同的选项。

这是很自然的事情。

母亲也仅仅是一个普通女人。她也会犯错，也有很多不知道的东西。**母亲的意见当然是为了女儿好，但她的意见和普通阿姨的意见并没有什么不同。**

当女儿认清这一事实的时候，她就真正迈出了离开父母的第一步。

作为人生的前辈，母亲的许多意见都值得参考。虽说如此，也不能保证母亲的意见永远是最好的。即使是面对结婚这一课题，尽管母亲有经验，她的建议也不可能100%正确。

而在社会上积累了丰富经验的女儿，反而充分见识过更多的情形和事件。

"你这也不行，那也不行，以后到底打算怎么办？"

"我就是这样获得幸福的，所以你也得照做。"

即便被母亲责备，也不要一步步丧失自信。

请试着冷静分析母亲到底是个怎样的人，有着怎样的能力。分析完，再按同样的方式分析自己。

不要历数自己的不足和无能之处，而应该数数自己拥有什么、会做什么。

但是，不建议丧失自信的人单独开展这项工作，因为这类人会很难发现自己的优点。

与其如此，不如问问了解自己的朋友或心理医生等，请他们客观地指出自己会做什么，以及有何种天赋。

开展完这项工作，你慢慢地就不会再因为自己没能力没天赋而苦恼，长期以来笼罩在心里的乌云（父母灌输给自己的错觉）也会逐渐消散。

像对待同性朋友一样和母亲相处

母亲也是女人。成年后的女儿已经可以自己去判断母亲是怎样的人，因此无须像青春期时那样，把自己的感情完全展现给母亲，赤裸裸地与她对峙。

即使母亲的话不中听，大可不必一一讲明自己的意见，甚至掀起反击的战火。

比如说，朋友提出的建议不得要领，你会怎样做呢？想必你不会情绪化地反对："那样不对！""那种想法有问题！"

首先你会顺着对方的建议说："原来如此，是这样啊""还可以这样思考啊"，然后表达谢意，"谢谢你肯听我说话，我会参考你的建议"。最后，你却并未听从对方的建议。

其后，朋友可能会追问你："那件事后来怎样了？""为什么你不那样做呢？"如果觉得没必要说清楚，就随便敷衍一下。假如他还在这个问题上纠缠，就不动声色地与其疏远距离。

当对象变成母亲时，你也大可如此应对。这种相处方式是普遍的处世之道，完全不会显得不尊重对方。况且和对方强行争论也太消耗精力，还会影响双方的感情。

另外，母女之间并非什么时候都要说真心话。

当你觉得"如果告诉妈妈可能会遭到反对"时，不一一对母亲详细汇报，其实是种重要的智慧。

有些人觉得如果不把所有事情告诉母亲，就会于心难安，这证明她们从小就中了母亲的"诅咒"，直到现在仍然认为"应该向母亲汇报所有事情""不能对母亲撒谎"。或者她们不在乎自己的听众是谁，只想强烈地倾诉，这也是依赖心理的一种表现。

有些谎言不能乱说，因为可能会给他人造成麻烦。但是作为一个成年人，没有理由总被母亲干涉，不断地被追问自己和朋友在哪里见面、和男朋友在哪里约会。

假如隐瞒母亲会令母亲感到不快，那么就在不触犯底线的范围内适当回答母亲。毕竟你已不是小孩，不要把向母亲汇报当做义务。

既然你在面对纠缠不放的朋友时可以装作毫不介意，那么面对母亲充满束缚意味的询问时，也可以练习搪塞母亲。

像对待上司一样和母亲相处

和母亲正常说话都很容易产生摩擦；没法像对待同性朋友一样和母亲相处……如果是这样的情况，那么，试着**把母亲当做自己的上司进行交流**不失为一个办法。

上司与下属之间是一种事务性的理智关系。同样，你也可以把和母亲的相处模式划到这种关系里，与母亲保持适当的距离，从而使双方交流更加协调。

如果是上司要求你做某事，即使你认为对方不讲道理，也会选择遵从吧？公司聚餐时，你得陪同出席，偶尔还要适当地恭维一下上司。和母亲相处时，也要这样做。

例如，母亲要你和家里人一起出去吃饭，你不能表现出厌烦，或者流露出不高兴的神色。因为如果是上司要你陪同吃饭，你肯定会聪明淡定地应对过去。

在和母亲相处时，要像和上司相处时那样，充分尊重对方，用毫不介意的态度接受对方委派的杂务等。对话时则彻底扮演倾听者的角色，绝不破坏对方的好心情。

即使对母亲的言行感到抵触，也不能像中学生一样，想做什么就做什么，那样实在是太孩子气。也许你对母亲的言行有自己的看法，但如果你选择和母亲对峙，最后留给你的可能只会是焦躁与徒劳。

这个时候，你应该放弃对峙，完全把自己当做一个下属；也可以试着探询母亲的心情和想法，可能你会意外地发现她的真实心意和她行为背后的动机。

当你了解了母亲的真实想法，想必以后就会改变与母亲的相处方式。当你明白母亲唠唠叨叨的干涉是出于怎样的心理后，就能很快找出应对策略。

如果你觉得"心累""听腻了母亲的唠叨"，那就和朋友出去玩，或者做点别的，转换一下心情就好了。

你并不是一天到晚和母亲面对面，所以在有限的居家时刻，请扮演好自己的角色。

随着年龄增长，人会在某些方面变得顽固。况且在三十岁女性的母亲当中，有许多人正处于更年期，本来就身心不适，再加上子女远离身边而感到寂寞，一些母亲就会变得难以控制自己的情感。

面对这样的母亲，叹一声"真拿你没办法啊"，采取豁达的态度去应对，才是成年后的女儿所应该做的。

先试着表达自己的心情

然而，有时候如果只是单方面地倾听对方，了解对方的心意，自己的心情仍无法变得舒畅。

问题在于相互对话可能会产生矛盾，而为了避免矛盾，我们应该巧妙地吐露自己的心情和意见。

母女之间的关系是奇妙而亲密的，因此双方往往会期待心意相通。当然，有时母女之间确实会心有灵犀，互相理解对方的心情，但并不是所有情况下都会这样。

还有一种情况是，母女两人都相信彼此"能够互相理解"，因此便忽略了交流，进而导致误解或情感上的摩擦产生。

我们没有超能力，无法实际了解他人的内心深处到底在想些什么，因此才有必要通过语言来进行确认。

顺便说一下，许多男性并不擅长揣摩人心。几乎所有男性都曾在约会时破坏女性的好心情，而自己却根本不知道自己错在哪里。

即使男性问女性"到底怎么了"，女性大多也会回答说"没什么""我没事"，却不告诉男性自己生气的理由，而男性也就愈发困惑。

在这种情况下，女性还不如直接对迟钝的男性发火，明确地对男性说"我对你感到很生气""我不喜欢你了"等，这种方式交流起来更加顺畅。

同样地，在面对母亲时，也该冷静淡然地告诉她发生了什么事，以及自己不高兴的原因。

比如有的时候，你不想听母亲唠叨，除了心情糟糕以外，也可能身体不适、正在担心某件事，抑或情绪比较激动……在这些情况下，你很难保持平静的心情去聆听他人。

这时，一旦被母亲唠唠叨叨，那么平时忍一忍就能过去的事情也会变得令你难以忍受，让你不禁想要反驳回去。

为了避免发生这种情况，应直率地对母亲表明自己的状态。

"我现在很累，以后再说。"

"我现在因为工作上的事情很焦躁，下回再谈这件事吧。"

真这样做的话，估计母亲也不会继续缠着你不放。如果她还对你唠叨，那就告诉母亲，"我现在身体不大舒服，没法听你讲话，抱歉"，然后走开。

直率地告诉对方自己的情况，也是一种交流技巧。

如何摆脱母亲最可怕的逼婚

不论女儿如何磨炼交流技巧，如何努力抵挡母亲的唠叨，仍会对母亲的可怕逼婚感到束手无策。

恐怕许多三十岁单身女性都在为母亲的逼婚而苦恼。

"还没找到合适的男朋友吗？"

"你一直单身,以后到底打算怎么办?"

大家单身的原因各有不同:可能是与男性邂逅的机会少,也可能是工作繁忙,可能是恋爱不顺,也可能是因为与对方婚姻观不同或者时机不对而分手……

然而不了解情况的母亲却宣扬着老一套的价值观,对女儿进行逼婚:"你怎么还没找到男朋友?为什么找不到男朋友?"

最后,她又会以过来人的口气说:"妈妈在你这个年龄早就生下了你!"

当今这个时代和母亲年轻时的时代已经不一样了。除了恋爱,女性还有许多事情必须去做。要是想结婚就能结婚的话,那么谁也不用受这份罪……话说回来,一直以来,到底是谁一直对女儿的男朋友挑三拣四呢?

女儿的焦躁感已经到达要爆发的临界点。

但即使爆发出来,也起不到任何作用,对母亲顶嘴并没有办法让她理解自己的心情,结果可能只会造成激烈争吵、相互攻击,让双方都心力交瘁。

为了不让母亲继续逼婚,你可以试着稍微奉承下母亲:

"真好,妈妈能够嫁给爸爸这样的人。"

"我是妈妈的孩子,所以我也肯定能很快获得幸福。"

诸如此类,努力让母亲不再继续纠结自己的单身问题,哄哄母亲，蒙混过去。

可能你有心里话想对母亲说，但最好还是不要冒这个险，有一种智慧叫做远离母亲的干涉。

"妈妈是怎样遇到爸爸的？"

"妈妈真幸福啊，能和爸爸结婚，生活也一帆风顺，还生下了我这么可爱的孩子！"

"我也要像妈妈一样，加油找到男朋友。"

如此这般，保持一定距离地夸赞母亲，然后若无其事地暗示"在我未来的人生当中，需要妈妈出场的机会似乎会很少"，也是很重要的事。

软化母女关系的"商务沟通技巧"

"还没找到合适的男朋友吗？"面对母亲类似的追问，女儿常常会不小心暴躁起来。

"你好唠叨，别管我！"

"我可不想像妈妈这样过一辈子！"

"要是让我嫁给爸爸那样的人，那我还不如不结婚！"

种种伤人的话脱口而出。

但是，这些话还是不说为好。

母女关系也是人际关系的一种。就算你很暴躁，也不要伤害母亲。想想你与上司、同事相处时的慎重态度，那才是做人的礼貌，也是常识。

朋友向你介绍她的男朋友时，就算你在心里觉得："啊，这种男人我可受不了！"你也肯定不会真的把话说出口吧？

"他到底哪里好？"

"要是让我和他交往，那我还不如继续单身……"

几乎所有人都会努力不让朋友察觉自己的真实想法，而是采取成年人应有的应对方式对朋友说："他看起来挺温柔的。"

面对母亲也该如此。尽管母亲的唠叨令你生气，或者严重刺激到了你，但如果你一一计较的话，那事情就没完没了了。

与其如此，还不如下点功夫，让母亲很难将逼婚的话说出口，这个方法才更具建设性。

比如前文中列举的如下例句。

"真好，妈妈能够嫁给爸爸这样的人，你是怎样遇到爸爸的？"

用这种方式应对母亲的唠叨，是非常有效的。

就像面对上司时说：

"部长你真厉害，你是怎样做成这件事的？"

"请一定教教我啊。"

可能你曾这般奉承上司，以实现转移话题的目的吧。

面对母亲时，也要这样。你不必在乎事实的真相，给母亲戴几个高帽子，向她询问幸福秘诀，母亲肯定不会感到不快，她那些尖锐的矛头肯定多少会被磨平一些。

采用这种商务沟通技巧同母亲交流，即使遇到气氛沉重的局面，想必你也能顺利闯过。

了解母亲的想法后，更能确定自己的恋爱观

对女儿而言，问问母亲到底持有怎样的恋爱观和结婚观，以及母亲希望女儿如何恋爱和结婚，是非常有益的话题。

母亲把女儿视若珍宝，必然希望女儿能获得幸福。

但母亲的唠叨有时会招致女儿的抵触："你一点都不理解我""你总是把自己的想法强加在我身上"。而造成这样的局面，并非出自母亲的本意。

母亲认为早点结婚比较幸福，所以才会对一直单身的女儿逼婚。

母亲担心女儿被坏男人欺骗，所以才会关注女儿的交友情况。

母亲是否对自身的婚姻生活感到满意？母亲是怎样看待"男人"这一生物的？女儿并不需要有什么心理负担，

而是可以和母亲进行交谈。这样做不仅能了解母亲的想法，说不定还会对恋爱和结婚产生新的感悟。

比如说，假如母亲认为"女性在婚前必须保持处女之身"，并要求女儿必须坚守这一底线，那就意味着在现今这个时代，想好好谈恋爱都会变得很有难度。

女儿不应立即反驳母亲："你不了解时代变化""那样没法谈恋爱"等，而是应该首先询问母亲的看法，然后试着理解母亲，"原来妈妈是这样想的"，最后，才认真考虑"我到底该怎么做"。

是遵守母亲的教诲，保持处女之身，和母亲相中的男人结婚？还是表面上听从母亲，装作没事的样子谈恋爱？

或者脱离母亲的束缚，在母亲干涉不到的地方讴歌自由？

哪种选择都没有错。"我想这么做""我就要这么做"，如果你心里有着强烈的意愿，那就选择遵从这一意愿。事情就是这样简单。

但如果一直驻足不前，想着"妈妈不会同意的""我不想那样做"，那你就永远无法前进。

此外，在向母亲咨询她的恋爱观和结婚观时，也可以谈谈自己的看法。倘若母亲能理解自己的想法，当然再好不过。但如果自己的想法与母亲有冲突，沉默不言也是一种应对方式。

你的身体是你自己的所有物，作为一名成年女性，没有理由再被母亲继续监督。

当然，谈恋爱时一定要注意别染上疾病或意外怀孕。只要你肯对自己负责，那么无论你采取何种行动，都无须产生罪恶感。

若是无法获得母亲的理解，不要哭泣，也不要反驳。有时候，你可以思考一下"怎样才能让母亲理解自己"；还有些时候，你也可以放弃寻求理解，只是淡定地尽全力实施自己的想法就好。

只要女儿幸福，最终母亲会原谅一切

唠唠叨叨地要求女儿好好学习，是为了让女儿升入好的学校。

对女儿的求职活动指手画脚，是为女儿未来的安定生活着想。

对女儿的男友挑三拣四，是为了给女儿找到一个条件更好的伴侣。

不管怎样，为了让女儿在人生的道路上走得更顺，母亲无时无刻不在操心。

如前文列举的诸多事例所示，母女之间一旦想法相左，便常常会引发激烈的战争。

然而假如女儿抬头挺胸，自信地认为"我现在是世界上最幸福的人"，那么即使母亲的想法仍和女儿不同，母亲还是会感到高兴。

女儿的那个男朋友行吗？如果对象是医生或律师的话，生活会更加富足……虽然感到担忧，但如果女儿笑容满面，想必母亲最终还是会为女儿的幸福声援吧。

也就是说，要想从母亲唠唠叨叨的干涉中逃脱出来，最好的办法就是女儿充满自信地抓住幸福。

因此，如果发现"这就是我想要的幸福"，那么不管母亲怎样干涉，不管听到怎样讨厌的唠叨，都请一直向前，追寻自己的幸福。

因为坚持走自己的路，做一个离开母亲也能过得很好的人，才是对养育我们长大的母亲最好的报恩。

第 2 章

结不了婚都怪老妈?

"你无法获得幸福"——来自母亲的诅咒

"你一点儿都不听妈妈的话。那样的话,没法获得幸福!"

"看着吧,你再继续任性下去,不幸会接连降临!"

"没法获得幸福""会过得不幸"……有些母亲就会对女儿说些预言性的、很不吉利的话。

每当女儿违背母亲意愿作出其他选择,或者当女儿仅仅想拓宽自己接触的世界时,就会遭到母亲诅咒般的教训。

如果女儿没往心里去,觉得母亲"只是随口说说",那当然没什么问题,这类人并不会被母亲的诅咒命中。

可是,如果太过老实,把母亲的话往心里去,那就会出问题。

我是不听妈妈话的坏女儿,我让妈妈生气伤心了。如果继续任性下去,听说将来会有不好的事情发生……

尽管在心里告诉自己，母亲的话不可能真的应验，但这种唠叨不绝于耳，不知不觉中，你就被束缚住了。

诅咒般的唠叨所带来的影响会波及生活中的方方面面：时尚、指甲油颜色、出入场所、回家时间、工作内容、结婚对象……

只要女儿选择了母亲不喜欢的事物，就会遭到母亲的诅咒："看着吧，你以后肯定会后悔！"

于是你驻足不前，对母亲言听计从。母亲则满意地对你点点头："听妈妈的话肯定没错。"

当女儿感到害怕并屈从于诅咒时，就如同被一条看不见的缰绳紧紧勒住，不得不回到母亲的控制范围以内。

其结果就是，女儿变得无法依照自己的喜好进行选择，甚至不知道自己到底想要什么。

但问题远不止如此。

"如同妈妈多次指出的那样，'一直以来，我总想选择那些注定会不幸的选项'，这样的自己原本就不可能获得幸福吧。""若离开妈妈，就没人给我修正人生轨道了，我担心自己会真的遭遇不幸。"

危险性在于你可能会给自己拷上沉重的精神枷锁，陷入消极情绪，误以为"我不可能幸福""我离不开妈妈"。

可是，在这个世界上，有多少人真的是仅仅因为选择了自己真心喜欢的事物而遭遇不幸呢？

你觉得可爱的衣服、包包、化妆品的颜色、和朋友在你喜欢的店里一起吃喝、想要从事的工作、深爱的男友……或许有些事情在母亲眼里有些出格："这个有点不太好吧……"可是，即使你遵从母亲、放弃你原本喜欢的事物，幸福也并不见得会真的降临。

请停下脚步，认真思考。

你所选择的衣服、工作、恋人等，真的会让你远离幸福吗？

难道你本身就不被幸福眷顾吗？

即使按常理来考虑，也不可能会是这样。

只要你不是持续选择具有反社会性质的衣服、朋友和恋人等，那就不太可能造成不幸的到来。况且，原本就不存在所谓的不被幸福眷顾的人。

然而如果你一直承受来自母亲的诅咒——"你无法获得幸福"，那么不知不觉之中，你就可能真的以为自己无法获得幸福。这真是不可思议。

如果你觉得自己符合如上情形，请立刻驱散笼罩在你身边的雾霭，解除来自母亲的诅咒。**母亲的诅咒其实只是个把戏，它利用了你的罪恶感与恐惧心理，而这个把戏并不具备左右你未来的能力。**

如何摆脱母亲的控制

"事实上,母亲也只是一个普通女性。由于母女关系太过亲密,反而倒不容易相互理解。"

如果以此为前提考虑问题,你的心情就会轻松很多。

母亲按照自己所想的去培养女儿,看到她身上出现一点自己认为不好的东西,就会加以遏制。明明知道女儿在某方面缺乏天赋,母亲却依然勉强女儿继续学习。

因为孩子无力反抗,所以不管她有什么想法,最终只能遵从母亲的安排。

为了让孩子听话,母亲会责备她为"不听话的坏孩子""不守规矩的熊孩子",还有一句杀手锏则是:"再那样下去,你就不会过得好了!"

长大成人后,倘若你仍被母亲的价值观支配,那就会永远按照母亲的要求生活,并且一旦违背了母亲的意愿,你就会被母亲不断责备,并且被强迫进行反省。

或许母亲会对此感到满意,但你与母亲有着不同的人格,持续接受母亲的支配,是件非常危险的事情。

笔者曾反复强调,母亲的价值观仅仅是一个平凡之人的个人见解,并不具有绝对性和普遍性。

重要的是,我们必须真正认识到这一点,形成我们自己的见解并面对母亲。要做到这些，并不需要发生实际的争吵，而是自身正视母亲的影响力，然后获得自由。

为了实现这一目标，和其他人交谈、阅读书籍、感知不同的世界等，都非常重要。

书店里到处都是书，电影院也有众多电影正在上映。一边读书看电影，一边构筑自己的价值观，从而把目光投向外面的世界。

若是感到被母亲干涉，便可以这样说："妈妈，你的思想已经过时了。"

"我觉得这样挺好。"

"没关系的。你别太操心我的事。"

如此这般，**对母亲说，"不，谢谢"，从而不带任何罪恶感地摆脱母亲的控制**，才是最佳方案。

护女"诅咒"反而导致女儿被坏男人纠缠

被母亲的诅咒支配，就会变得没有自信。

这样一来，如前文所述，被坏男人欺骗、陷入不伦之恋的危险系数便会大幅升高。

在旁观者眼里，哪些女性有着难以填补的缺失感，简直是一目了然。

自卑、寂寞、对他人察言观色、渴望被他人守护，种种心绪早已渗透到女人的言行举止当中。

这就是俗话中常说的"有缝儿的蛋"。

男人常说，"不完美的女人更有魅力""太完美的女人缺少男人缘"。于是，有些女人便会烦恼："我也想变成招桃花的不完美女人！""怎样才能让自己'有懈可击'？"

有些男性推崇不完美的女性，形容她们为"性感的女人""可爱的女人""想要守护的类型"等。

而在这些赞誉背后，其实大多隐含的意思是"这种女人很好骗""很容易陷入情网"。

如果你想要成为一名自信、充实的女性，就不要暴露出奇奇怪怪的"缝儿"。

缺乏自信、总是在乎他人想法的女性，尤其要注意不要被男性以"我没法放下你不管""我想守护你"等理由轻易接近。

当然，并不是所有男性都心怀不轨，但其中会掺杂着一些坏男人，他们早已看穿了你的弱点，觉得你"很容易被骗上床"。

按理说，母亲的"诅咒"是为了让女儿远离坏男人，可是这些诅咒却反而导致了女儿更容易被坏男人纠缠。

而为了不被坏男人欺骗伤害，找回自信非常重要。

因此，不要过分在乎他人对你的要求，寻找自己真正喜欢的事物，才是更加重要的事。

工作也好，个人兴趣也罢，只要你热衷去做并逐渐找回自信，那么你就能堂堂正正地做回自己。这样的女人很具魅力，往往能吸引到自我认同度较高的男人的注意。

只要自己无懈可击，坏男人自然不会靠近。努力重塑自己，幸福就会降临。

越是不缺爱的人越能做真实的自己

对于一直受到父母肯定的人来说，做真实的自己并不是什么让人犹豫之事。

但总是被父母否定，被告知这也不行，那也不行……在这种环境下成长的人却很难敞开心扉与他人相处。

由于对真实的自己缺乏自信，无法对他人表达自己的真正想法，不知不觉中，你就给自己戴上了面具。于是，被他人夸奖或是善意地接近时，你反而会退缩。

"你根本不了解我……"

"要是让你知道了我的真面目，你肯定会觉得幻灭。"

如果是这样的情况，那么在你踏入理想的爱情和婚姻之前，恐怕就连日常交流都会令你感到不自由。

要想从这种状态中挣脱出来,对真实的自己进行肯定,除了一步步找回自信,别无他法。

如前文所述,你要寻找一个自己感兴趣并且热衷去做的事情,或者和心理医生交流,让专业人士告诉你,你还有哪些自己都没有注意到的优点。如此这般,一点一点地培养出对自己的肯定。

然后,当你发现"我现在这样就已经很幸福了"的时候,你就会渐渐做回真实的自己。

有的人为了获得自我肯定,试图借用外界的力量和社会地位等来武装自己。然而,纵使穿戴再贵的名牌,拥有更多的金钱,受到优质男人青睐,如果自己无法对自己说"OK",不安与空虚也仍然难以消散。

与其如此,不如从逐渐认可自己开始。或许你会觉得这是在慢悠悠地绕远路,但倘若不能自我肯定,你就永远无法真真切切地感受到幸福。

换言之,**只要你能够自我肯定,幸福就会离你很近。**

"自己这样下去能行吗?"

"会有人愿意包容这样的自己吗?"

怀揣诸如此类的怀疑,每天惶恐度日,不过是辜负年华。

母亲最多只能把女儿教到和自己一样的程度

言归正传，让我们回到母女关系这一话题。

偶尔有这样一些母亲，她们会在外人面前不断揭女儿的"短"。而这样做的结果，就是女儿感到非常受伤，而母亲的倾诉对象也不知该作何回应。

孩子这也不会做，那也不会做……当母亲历数女儿的缺点、表达不满时，不过是因为现实中的女儿与自己理想中女儿形象发生了偏离，从而令她感到焦躁。

这类母亲喜欢拿别人家的孩子和自己家的孩子作对比："××家的孩子会这会那""你要是像××家的孩子就好了"。甚至面对早已长大成人的女儿，母亲仍会唠唠叨叨地讲着别人家的孩子。如此一来，女儿当然会不高兴。

更糟糕的是，母亲的不满之处常常会发生变动，因此往往令女儿难以应付。以前只要有男生打电话过来，母亲就会歇斯底里地大声吼：

"别被男生迷住了！那样会影响学习！妈妈不同意！"

可长大后，母亲却又能面不改色地说着和以往完全矛盾的话：

"听说××就要和她上学时的男朋友结婚啦！你一直以来都在搞什么！"

想必这类母亲的脑海里常常有很多憧憬:"要是我的女儿能那样就好了。"可是她们的憧憬并不单单是普遍意义上的理想图,有时她们会恰好在某一时刻受到某个刺激,或者羡慕他人时刹那间生出某种期盼,如果是这类憧憬的话,则多半是一时兴起。

有的女儿早早看穿了这一点,她们会适当地把母亲的唠叨当做耳边风:"嗯嗯,反正妈妈只是一时又晕了头。"而如果不这样做,就对母亲的唠叨难以招架。

我曾遇见过一个妇人,她抱怨说:"女儿那么大了,还不怎么会做家务。"可我知道,这个妇人自己也不太会做家务。因此当我听到她的抱怨时,不禁苦笑。

毕竟母亲并非教育专家,因此她最多只能把女儿教到和自己一样的程度。

女儿不应对母亲偏听盲从,而应将目光转向外面的世界和思想,寻找更高层次的老师,并且努力从对方身上学习自己需要的东西。

致仍然无法对母亲释怀的你

以上,我们对于那些从小到大一直被母亲强制干涉的例子,已经讨论了该如何应对和回避。

然而，即使知道了如何避免母亲强制的干涉，或许你的内心仍对母亲过去的种种行为难以释怀。

"我想让妈妈知道，她一直以来的行为对我造成了多大的伤害。"

"还给我被剥夺了自由的人生。"

"就以前的事情对我一一道歉。"

女儿迫切的心情当中，满含着愤怒与悲伤。

然而，笔者之前也反复强调过，母亲往往有她自己的想法。

我们甚至可以说，由于母亲的想法已经与时代潮流、女儿的价值观、适应性等不符，所以才给女儿造成了严重的心理伤害。

母女关系是一种非常接近、非常亲密的存在。

"为你带给我的伤害道歉！"

"为你一直以来带给我的痛苦道歉！"

女儿内心的呼声，或许与"请理解并接受我的想法"意味相同。

有的年轻女性曾在心理咨询时告诉笔者，她们常年因母女关系问题而感到苦恼，当她们终于直率地对母亲表达自己的心情时，母亲对她们说："妈妈没能理解你，真的很抱歉。"就这样，母女关系竟好转起来。

不过，并非所有案例都能获得皆大欢喜的结局。

与女儿一样，母亲一方同样也有着自己的想法。

在这种紧张的母女关系中，存在着一种相互恃宠而骄的成分，即任性地认为"理解我是理所当然，不理解我就是罪无可恕"。

逼着对方向自己道歉，这个行为本身就有着感情用事的一面，而这想必正是父母子女之间、夫妇之间才会发生的争论（或者小朋友之间的争论）。

"妈妈，向我道歉！"

这种想法和心情不正是证明了女儿还在向母亲撒娇、对母亲感到依赖吗？面对母亲，就算你激烈地表达愤怒与反抗，只要你无法从这种感情中解脱出来，恐怕也难以获得真正意义上的自由。

究竟该怎样配合母亲的"理想婚姻蓝图"

我认识一个世家出身的朋友。她有一个长期交往的对象，并且她的母亲也知道这件事。

然而当这对男女谈婚论嫁时，女方的母亲却以"我家只接受相亲结婚"，而断然不同意男方的求亲。

男方为了让女方母亲允婚，多次写信给女方家庭，想尽了各种办法。可是女方母亲却顽固地回绝道:"谈恋爱是你们的自由,但结婚就另当别论了。"

至于女方本人,则夹在母亲与男友之间,只一味地坐立不安,却完全无法找到解决办法。

女方已经将近三十岁了。这样下去到底怎么办呢……我为此感到担忧。

像这种情况,要么选择母亲,要么选择男友,可以说是很有必要作出决断的时刻了。

既然已经年近三十,那就完全是个成年人了。按理来说,她可以不听从母亲的意见,而遵从自己的意志和男友结婚。

抑或她可以听从母亲的意见,不继续挽留男友,并且和母亲介绍的相亲对象见面。如果不这样做,就只会毫无意义地浪费时间。

(说真的,她可以不顾母亲的反对和男友结婚,假如幸运生子,看在外孙外孙女可爱的份上,她的母亲或许会出人意料地轻易接受这个现实……)

不仅是这个例子,在其他被母亲反对结婚的案例当中,即使母亲明言:"这个男的不行。他不会带给你幸福!"只要女儿强烈宣称:"对我来说,没有人比他更好,所以我才选择了他。"那么母亲也会无能为力。

而无法做到这一点的女儿,恐怕还是因为对自己的选择缺乏自信，不敢为自己的选择负责吧。

还有一个办法，则是赌母亲会给自己带来幸福，把需要承担的责任摆在母亲眼前。你可以试着对母亲说："既然你那么说了，那就带三个适合我的男人过来！"

不要总是为母亲的反对而黯然神伤，应该对母亲提出要求，看她作何反应。说不定，这会成为母女关系更进一步的奇迹呢。

倘若一直依赖对方，驻足不前，结果就可能是两边不讨好，平白浪费了时间。

正因为是自由时代，才应了解人生的时间有限

一个很严酷的事实是，人生有限。

从生物学角度来说，正因为女人存在最佳生育年龄，所以如果打算生小孩，就最好在合适的年龄找到对象结婚。

不过，在当今这个时代，人生所面临的选项实在是太多了。

对过去的女性而言，结婚理所当然是人生大事。来自周围的强大压力要求女性一定要"在二十五六岁之前"结婚。

然而，这一时限逐渐变得没那么严格，30岁之前、35岁之前……现在几乎没有所谓的时限了，非要说个时限的

话，大概是40岁之前——时限一再被推迟。

是否打算生小孩是个人的自由，第三方没有权利说三道四。而且在结婚生子之前，诸如工作、学习等对未来人生非常重要的考虑正不断增多。在这样的时代潮流与环境下，或许你感到自己的自由得到了保证。

可正因为是自由时代，你不再像过去的女人那样确定"自己一定要做"，结果反而白白浪费了时间，等到突然间"想结婚、想生孩子，却发现已经来不及了……"这种情况并非不可能发生（毕竟周围人不会帮你想法子）。

如果结婚，就没法像现在这样轻松度日了。

如果生小孩，就很难兼顾工作和孩子了。

难道就定下是他了？说不定还有其他更合适的男人。

像这样一直犹豫，迟迟不作决断，等到恍然惊觉时，才发现自己居然成了剩女……为了避免这一情况的发生，请一定多加注意。

这是个自由而丰盈的时代，这个时代本身就已经令我们感到迷茫。正因如此，不管母亲怎样唠叨、怎样施压，归根结底，还是需要我们自己去思考并选择怎样度过自己的人生。

幸福女人的择偶标准

很快就找到结婚对象并过着幸福家庭生活的人,与迟迟结不了婚的人到底有什么不同呢?

能够很快作出"与这个人结婚"决断的女性,在面对这个人以外的其他男性时,说OK的可能性也很高。与此相反,结不了婚的女性无论遇见哪个男人,都能从对方身上找出一大堆缺点,因此迟迟无法OK。

为什么会出现这种情况呢?原因在于,结得了婚的女性对他人有较高的接纳度,她们会将视线投向对方的优点,积极地配合对方的步调前进。

而结不了婚的女性则总是罗列对方的缺点,"他这也不行,那也不行",然后犹豫着"要不要找找别的男人",其结果就是要么挑不到合适的男性结婚,要么不被男性挑中。

或许出现这种心理的根源在于她们"对自己的判断缺乏信心""一想到要对自己的选择负责,就感到恐惧"。

正因为没有自信,才无法自己去选择男人,而当男人好不容易靠近她时,却又无法高兴地说OK。

当这类女性把男友带到母亲面前时,母亲的一句:"你就只能找到这种程度的男人吗?"

这冷水一泼,你是不是立刻感到心惊胆战?

而等到婚后出现问题时，母亲往往会说："就是因为你没听妈妈的话，才会这样的。"

面对母亲"不听老人言，吃亏在眼前"的神色，是不是感到恐惧呢？从这些表现中，就可以看出她们已经受到了母亲的强烈影响。

包括你自己在内，所有人都有优点和缺点。婚姻生活意味着要和他人一起过日子，不管是哪个家庭，都会遇见这样或那样的风波。

虽然说"结婚是两个家庭的事情"，但是当结婚的机会好不容易摆在自己面前时，仅仅因为母亲的意见便横生波折，放过结婚的机会，这样做到底意义何在？

不要再一味地寻找对方的缺点，也不要再为尚未发生的未来自寻烦恼。

要想提高结婚的可能性，**应该以自己的价值观为标准来寻找结婚对象，无论结果如何，都要为自己的决断负责，要知道，这种"积极的思想觉悟"是极为重要的。**

只有自己作出选择，才不会后悔

在做心理咨询时，常常会遇到这样一类女人，她们反复地说"可是妈妈……可是妈妈……"，却说不出一条结论。

这时我就会问她:"可是你妈妈总会去世的。到了那个时候,没有男朋友陪伴也没关系吗?"

她的回答往往是:"那可绝对不行!"

然而当我建议她:"既然如此,就选择你现在的男朋友吧?"她又开始来回兜圈子:"可我还是做不到背叛妈妈……"

像这种情况,如果打算选择母亲,就该和男友一刀两断,然后和母亲一起生活,能走多远就走多远。自己要为自己的选择负责,对自己说:"我没选择男友,而是选择了母亲。"

难以按照自己的判断作出人生选择的女性,不论最终选择哪方,结果都会感到后悔。甚至可以说,她得了"后悔病"。

"那时我离开母亲嫁人,真的是太不孝了。作为女儿,我做了件很差劲的事情。"

"那时没能结婚,现在真的很后悔。那是我最后一次结婚的机会啊。我只能独自和年老的母亲一起度过寂寞的余生了。"

不论选择哪方,结果都是后悔度日。这样的话,不仅会给自己,还会给身边的人造成不幸。

想象一下死时的情景,问问自己是否会后悔

有些人在面临人生新阶段时,总是迈不出自己的脚步。我希望她们仔细想想,自己这样活着真的好吗?死的时候会不会后悔?

希望自己以后有结婚对象吗?还是没有结婚对象也行?

如果希望有结婚对象,那么,是选择眼前的那个他,还是再试试其他男人?

如果打算找其他男人结婚,是否已经有目标了?

以后打算生孩子吗?还是一切随缘?抑或者不打算生孩子?

有太多事情需要我们作出选择。

这个时代已经不允许我们悠哉地以为"船到桥头自然直",事不关己般地想象飘渺的未来。

虽然妈妈唠唠叨叨,但妈妈对我而言非常重要,我很爱她。我如果离开她,她会很寂寞,所以不能置妈妈不管。比起结婚,还是妈妈更重要。

假如真这样想的话,那就下定决心,选择和母亲共同度过人生。"在妈妈离世之前哪也不去,一直陪伴她"。求仁得仁,这也可以说是一个幸福的决断。

为此还要提前做好打算,生活所必须的收入、住处、

看护母亲的可能性,以及母亲去世后怎样生活下去等,都需要认真思考。

举棋不定、得过且过,只会浪费时间,转眼间几年就过去了。而且就在你举棋不定时,你甚至都不会注意到,原来时间过得那么快。

母亲都希望女儿能获得幸福

就业、结婚、生子……这些都是人生的重大事件。

特别是对女性来讲,可以说结婚意味着终于能在身体上和精神上离开母亲,走向独立。

那些在心理咨询时反复强调"可是妈妈……"、对未来踌躇不前的女性,在她们心里,到底是自己的人生伴侣更重要,还是母亲更重要呢?

当然,母亲那方也有问题。她们的言行迷惑了女儿的判断力,并在女儿心里种下了罪恶感(至少女儿深深地感到罪恶)。通过那些言行,她们得以一直把女儿留在身边。尽管嘴里说着,"我女儿为什么不结婚!"实际上,女儿之所以会对结婚犹豫不决,母亲也负有一定责任。

然而,既然母亲不会变化,那么只能女儿自己去变化了。

你可以试着想象一下，假如自己是母亲的话会怎样。

假若你的女儿不结婚，一直待在你这个母亲身边，你心里怎么想？

假若你的女儿找到了人生伴侣，打算离开你独立生活，你心里怎么想？

确实，当女儿离开身边，开始新的人生旅程时，母亲会感到寂寞。但是，没有一个母亲会不高兴看到女儿建立新的家庭、经营新的幸福。

把女儿留成大龄女青年并非出自母亲的本意，她只是太过担心女儿能否获得幸福了。

因此，女儿应该放下思想包袱，尽情去追求自己的幸福。

当母亲担忧地问女儿："你这样真的没问题吗？""你那个男朋友不怎么样啊。"

这个时候，哪怕是说谎，都要欢快地回答母亲，以便让她安心："没问题的，能和他在一起，我觉得自己是世上最幸福的女人！"

认真考虑结婚的理由和动机

要想过上幸福的婚姻生活，还要注意其他一些事，比如结婚的理由和动机。

如果你想和深爱的他永远在一起，那当然没有问题。但如果是考虑到未来蓝图，认为有必要寻找一个人生伴侣，或是想要小孩等，也就是说，在纯粹的爱情以外考虑其他元素，这样做也完全没有问题。

但是，因为厌倦了现在的工作，因为男友非要结婚，因为想摆脱妈妈的唠叨……如果是为了逃离那些麻烦事才选择结婚的话，那你就很有可能会栽跟头。

因为那只是单纯为了逃避现实。

如果是为了躲开麻烦而结婚，生活顺利也就罢了，一旦出现什么问题，你就会后悔："怎么会这样呢？"

原本是为了逃离讨厌的事情才选择了结婚，没想到在逃跑的终点同样会遇到讨厌的事情……如此一来，"新的麻烦＝婚姻生活"，恐怕你连继续经营婚姻的勇气都会动摇。

"是我选择了结婚""这里才是我的容身之处"，有这样的思想觉悟，你才会愿意努力解决问题。

同样，如果是因为"不结婚没面子""不想被周围人认为自己没男人喜欢"等理由而选择结婚，那么**结婚本身就意味着你的目的已经达成，你会很难产生与丈夫共同经营生活的意愿。**

这类人肯定只是想给自己贴上"已婚人士"的标签而已。

此外，如果是为了步入上流社会、提高社会地位而选择结婚，那么这些人也需提高警惕。

"我是他人羡慕的对象""在他人眼中，我过得很幸福"。倘若对他人眼中的自己有执念，就意味着你缺乏对自我的肯定。

就算在他人眼中你很幸福，如果你自己没有真实感受到幸福，也没有任何意义。实际上，有不少人由于太过执着"幸福的自己"这一假象，而迟迟无法结束不幸的婚姻，每天都过得无比空虚。

"妈妈，我果然经营不了婚姻……"

为了以后不这样哭诉，请仔细思考，婚姻对自己而言到底意味着什么。

结婚不是为了躲开麻烦，也不是为了向他人炫耀，令他人羡慕。

你必须下定决心，和这个人（姑且是这个人）共度一生，互相信任，一起渡过难关，否则你的婚姻生活便无法长久持续。

培养积极向上的思想觉悟极为重要，只有这样，你才会感觉到"和他在一起真的很幸福！""结婚真好！"

留在母亲身边并不意味着孝顺

有些女性在结婚问题上犹豫不决,可能是因为她觉得"离开妈妈就是不孝"。

然而结婚的意义在于从现在的家庭当中独立出去,建立新的家庭。也就是说,离开是种非常自然的行为,假如母女一直亲密地住在一起,那就搞不明白到底女儿是和谁在组建家庭了。

举个例子,如果是因为丈夫的工作原因,需要全家搬到离娘家很远的地方。这种情况下,如果双亲身体健康,能够独立生活,那么搬离并不是什么难题。

当然,眼看着自己娇生惯养长大的女儿即将远行,做母亲的肯定会感到寂寞。但这种寂寞正是母亲所必然要接受的试炼。

作为女儿,看到母亲寂寞的神色,肯定也会很伤感,但是如果因为同情母亲而被绊住前进的脚步,那么就算过得再久,女儿还是无法真正做到独立。

一旦结婚,第一优先的对象就不是双亲,而应该是伴侣了。疼爱我们长大的亲人当然很重要,但是,优先并尊重与伴侣的婚姻生活是天经地义的事,并没有必要产生罪恶感。

有的母亲在女儿结婚后仍频繁登门，常常往女儿家里跑。如果女儿感到母亲的行为有可能危及自己的婚姻生活（在丈夫不知何时会爆发不满的情绪，从而危及婚姻关系之前），最好还是明确地告诉母亲。

相反，还有部分女儿对母亲一直怀有一种抱歉和罪恶感掺杂的感情，结果自己给自己定下不少规矩，要求自己一定要遵守。

"只要是妈妈要求的，就要尽一切可能去做到。"

"不论何时都必须孝顺妈妈。"

然而，如果被这些规矩牵绊过多，就会感到束手束脚了。

父母最大的愿望是看到子女健康快乐地生活。因此，把自己的幸福放在第一优先的位置并不是什么坏事，无须产生罪恶感。

相比而言，如果是为了满足别的家庭（娘家）的要求而导致自己与伴侣的关系恶化，那就是本末倒置了。

请一定珍惜自己好不容易建设出来的家庭。

母亲尚未明确提出要求，自己就和以前一样提前做好安排，或是费心劳神地做些母亲可能会感到满意的事情。这种行为以后还是适可而止吧。

你需要让不是同一代人的母亲明白，"没有消息就是好消息"，让她自然地接受和女儿产生距离这一现实。

经营家庭就像开公司

有人说,"结婚就是开公司"。

也就是说,结婚就好比夫妻俩一起开办公司。两人作为合伙人,他们所要从事的事业是共同抚养子女,再把子女送入社会。因此,面临结婚,不该想着让男人带给自己幸福,而应像开办公司一样不仅要有热情,还要保持沉着冷静。

当然,家庭当中爱是非常重要的元素。但除了感性的部分,还要有责任心和决心。

按照这个道理来想,长大成人的女儿作为母亲出产的"成品",已经被送入社会了,现在已经轮到女儿来履行自己的职责。

如果对公司放任不管,那么公司很快就会经营不善,甚至可能会一夜之间突然破产。没有计划、不踏实努力地工作都是大忌,那样是不可能把公司经营下去的。

更何况夫妻双方的成长背景和文化背景都不同,因此两人一起工作时难免会产生一些摩擦。整天做着美梦却不努力经营,生活状态就会止步不前。

既然决定和伴侣共度一生,就不要整天想着"可是妈妈……"了,你已经没那么多工夫操心其他事了。

在感谢母亲培养我们长大的同时,**我们如今要意识到,自己已经和母亲一样,站在了"公司经营者"的一方,因此一定要不畏辛劳地努力。**

女儿独立意味着母亲结束了一项使命

母亲的"事业"非常成功:女儿已经顺利长大,并且成为出色的社会人。接着,女儿就要朝着结婚这一目标前进了。

走到这一步,母亲的工作也就结束了。或许在母亲看来,她还有很多工作要做,但母亲的职责其实到此为止。

"妈妈,谢谢您一直以来的养育之恩,您辛苦了。"对母亲道谢,让母亲从"制作人"的身份中解放出来吧。

现在轮到长大成人的女儿自己做自己的"制作人",和伴侣开创新事业了。

不过,可能有些母亲干劲十足,觉得自己还有很多事情要为女儿操心。这时,女儿就应该明确地对母亲说:"不,谢谢!"然后朝着自己设定的道路前进。

女儿成长为优秀的成年人,说明母亲已经尽到了职责。

女儿一直留在母亲身边不肯离去,则意味着她在向世人宣告"母亲的事业失败了"。

作为女儿，你愿意给亲爱的母亲，那个关心你、疼爱你的女性贴上"失败经营者"的标签吗？想必你一定会否定吧？

不论是谁，当身边的人离去，都会感到寂寞。

但是，女儿并不是与母亲离别，而是走向独立。

当女儿通过自己的努力过上幸福生活，尽管母亲多少会有些寂寞，但是也没有母亲会不高兴看到这一切。

面对即将离开自己的女儿，含着泪花依依不舍的母亲可以时不时地让女儿看看自己健康的模样，女儿心里肯定会很高兴，"我没有做错，真的太好了"。

假如女儿被母亲的眼泪牵绊，一直留在母亲身边，那么母亲以后肯定会流下更为痛苦的眼泪。

因此，不要因为离开母亲而感到抱歉和内疚。

结婚意味着，找到了一个比母亲更重要的人。

第3章

为何老妈不认可女儿的工作？

对干涉自己工作的母亲感到烦躁

如今的三十岁女性,她们的工作范围已经不仅仅局限于办公室的单纯事务性工作,还包括许多其他种类的工作。

例如,以前几乎没有女性去干的体力劳动、严格计算工作定额的销售职位、必须长时间待在同一地方的服务业、IT、理工类研究开发等,各种各样的领域都有女性参与其中。

就算不被要求和男性做相同的工作,由于长期经济衰退导致人才不足,想必也会有许多人工作量和加班量剧增,身处严酷的工作环境当中。

当然,收入随着工作量的增多而增多的话也就罢了,然而不是所有公司都会有这种优待。

由于不彻底地导入欧美型工作模式,尽管裁量劳动制、年薪制等制度听起来很不错，但实际上仍有不少人在义务加班。

现在这个世道，涨工资变得越来越难，不像过去，只要认真工作就能出人头地。当年论资排辈的美好时光早已一去不复返了。

但是现在的母亲们并不了解这一情况。有不少母亲总是唠唠叨叨地干涉女儿的工作。

"为什么非要这么辛苦地工作？把身体累垮，就一切都完了。"

"你那么辛苦才拿那么点儿工资，将来打算怎么办？"

母亲说的当然没错。

事实上，女儿本人也深刻地明白这个道理，她也常常会觉得自己付出的劳动不该只值那点工资。

然而，没有人能给她换工作。如果打算跳槽，又不敢保证是否能找到更好的工作，说不定一旦放弃了现在这份正式工作，以后就连正式员工都不一定能当上。

母亲完全是参照自己当年就业（或者没工作）时的情况来对比女儿的现状，从而发泄种种不满。

"为什么会那么忙？"

"为什么工资那么低？"

"别待在那儿了，换家大公司工作吧。"

"要不你还是赶快结婚吧,婚后把工作辞了。"

不想被母亲唠叨,因为母亲在经济繁荣时代很轻松地就提前被大公司录用,工作时仅仅负责端茶倒水,两三年后就结婚辞职。

不想被母亲唠叨,因为母亲依靠父亲的收入生活,此外仅仅做过兼职挣些小钱而已。

这不正是大多数女性工作者的真心话吗?

"说起女性工作这个话题……"母亲表现出很了解内情的样子开始说教时,女儿可能已经想大喊:"真是够了!"

母亲那代人不了解现在的工作形势

前文在讲恋爱、结婚问题时也曾反复提及,面对经验较少的对象(母亲),不论怎么努力沟通,还是会在对话中发生分歧。特别是涉及工作话题时,更容易出现这种情况。

因此,为了不累积压力,不要从正面抵抗母亲的唠叨,可以适当把母亲的唠叨当成耳边风。

"妈妈一点儿都不了解我的辛苦!"

就算你再怎么发火,没有实际了解的东西依旧不了解。原本说来,如果母亲真的了解女儿的立场,她就不会唠唠叨叨地触怒女儿的神经了。

过去，尽管《男女雇用机会均等法》开始实施，但是当时公司中超过一半的女性都是年轻男职员的"老婆候选人"。

年轻可爱的女孩纷纷与同公司的男职员结婚，继而辞职，至于年近三十尚未嫁人的女性，她们在公司的地位则会很尴尬，非常没有面子。

为了避免沦落到这个境地，许多女孩都急着结婚，或者被周围人催婚。

可以说，在这股浪潮中尚能积累工作经验往上爬的女人都是意志坚定、非常优秀的人才。

但事实上，这种女性非常稀少。在那个时代，如果不是身处福利待遇优越的大公司，或者没有优秀到公司非她不可，那么女人是很难继续工作下去的。

现今社会，拥有高学历、能和男性干同一种工作的女性并不少见。并且现在的女性很清楚，假如用"我是女人"这个借口向上司稍稍诉苦，那么迎接自己的将是迅速被换离工作第一线。

工作上的严峻形势早已超越了母亲那代人的理解范围。就算女儿再怎么费尽唇舌，母亲还是无法理解。

如果与母亲交流时，你没有及早认识到这一点，就将饱受母亲唠叨的摧残，甚至会被那些天真而"粗神经"的言论伤害。

母亲不知道依赖男人会有风险

忙于工作却得不到相应的回报,想调到条件好点的工作岗位却难以实现,想转正却依然是合同工或派遣工……

这种情况在母亲那代人看来,简直不可思议。

于是母亲不禁脱口而出:"既然那么辛苦,要不就辞职吧?"

"工作不必那么认真。"

简而言之,就是批评女儿不要尝试那些不可能实现的事情,不要追逐那些欠斟酌的梦想。

实际上,现在有许多人都在做着和正式员工一样的工作,甚至承担着比正式员工还多的任务,却仍然只是合同工或派遣工。还有些人明明学历很高,能力很强,可是由于经济不景气,找不到发挥自己实力的舞台。

现在能做的只是努力忍耐,等待翻身的机遇。如果盲目行动,就要面临情况更加恶劣的风险。可是,母亲却什么都不懂!想必许多女性都特别想为此发火。

当然,母亲并不是在说自己的女儿无能,或者应该放弃工作等。

母亲的疑问大抵集中在一点上:

"与其那么辛苦地工作,不如早点结婚,这样就能放松下来，没有什么压力。"

在母亲看来，比起"努力工作却找不到结婚对象的女儿"，还是"工作虽然不稳定，但有结婚对象的女儿"更令她放心。为什么非要一个人拼命呢……母亲（真心）感到无法理解。

母亲对于"女性的工作"这一话题有着自己的看法，但她的看法往往已经与当今社会脱节。

如今，需要女性结婚生子后继续工作以维持家计的家庭增加了多少？究竟有多少男性能够凭一己之力养活家庭主妇和子女？

男性自身工资上涨的可能性就已经很低了，而工作内容却越来越苛刻和艰难。职场已经开始出现慢性的人才不足现象。公司内部的竞争不断激化，一旦在竞争中失败，迎接自己的将不是冷板凳，而是立刻被老板劝退。

万一丈夫因病无法继续工作，或者被公司解雇了怎么办？要是家里资产充足也就罢了，但大多数家庭迟早都会面临走投无路的困境。

另外，最近人们对待离婚的心理门槛也降低了。就因为性格和价值观不合、喜欢上其他人等简单的理由就离婚，已成了稀松平常的事。

母亲那代女性大多都是家庭主妇，她们在离婚案例极少的年代生儿育女。她们恐怕从来没有想过,万一女儿在缺乏经济实力的情况下被男人提出离婚,赶出家门,那该怎么办。

夫妻双方都工作,已经是社会常识。而且,这个社会不会因为你是女性,就只让你干轻松的工作。

不能太过期待工资上涨,况且年金制度能否存续下去也很让人担心。

自己或伴侣可能会因为生病或者在竞争中失败而被解雇,这种风险不容忽视。

离婚变得越来越简单。

在这种社会大环境下,与其寻找一个能一生守护自己、养活自己的王子,还不如找份工作让自己稳定下来。很显然,女人拥有自己的事业,才更能降低人生的风险。

三十岁女性中的大多数人都很了解这一点。正因如此,大家才那么努力地工作。只剩下母亲那代人不清楚当前的情况罢了。

什么都不了解,却妄自认为女儿"无能"

对于在不利条件下工作的女儿,不了解时代变迁的母亲往往会开口干涉。

"你能干得了那个活吗？"

"那份工作不适合你。"

可能女儿心里会想，母亲没有尝试过这些，就不该对自己的工作指手画脚。但母亲是以自己的经验来看待女儿的工作的，也正是因为这样，她才会觉得工作对女儿来说太难。

眼看着女儿强撑着辛苦工作，母亲不禁想劝女儿辞职，要是女儿嫁人也能由母亲一手安排，那就更好了。

可是，关于女儿的未来，母亲最多只能预想到女儿读高中这个阶段吧。

女儿走进社会后，经历了各种事情。当然，女儿可能仗着年轻横冲直撞过，但无论是谁都有过这样的经历。

母亲已经不了解长大成人的女儿了，因此，她所谓的"你不行""你没有这方面的才能"等言论并不具备说服力。

真正努力工作的女性大可不必被母亲的言论左右，更无须因此苦恼。关于工作，倒是一起工作的上司和同事，或者专业的职业生涯咨询师所给出的建议更能找出你的问题所在，并且值得参考。

请认真思考，母亲的言论是否真的说中了自己的情况？听从母亲的意见是否能令自己变得更好？

人是在不断变化的，随着年龄的增长，大家都会不断进步。

正如去年的自己肯定不如现在的自己懂得多一样，经验的积累最终会转化为你的知识与智慧。

母亲未曾看到过你工作的模样，因此，当她对你说诸如"你做不到"这类话的时候，你也不必太过计较，闷闷不乐。

既然自己想要努力，就不要在意外界的声音，直接去做就好。你是否拥有**才华或者能力，不应该由你的母亲来判断**，而是由目睹你工作成果的人判定。

如果无法忍受，那就存钱过独立的生活吧

不了解女儿具体情况就胡乱出主意或反复说教的母亲，一看到女儿就想逼婚的母亲……

面对这样的母亲，如果女儿心理压力不太大，那么尽管会厌烦，却还能应付过去。但是当女儿疲于应对工作、为未来烦恼、四处相亲……她渐渐被逼入困境时，母亲的唠叨就会令女儿的神经倍受刺激。

于是，和母亲的对话渐渐变成可笑的应酬，两人开始吵嘴，接着发展为激烈的争吵。然后有段时间你不得不面对着整天板着脸不高兴的母亲。

再也没法应付下去了，精神上已经受不了了！如果是这种情况，就建议你立刻开始存钱，争取早日搬出去独立

生活。搬出去以后，也许母亲会每天给你发邮件打电话，但由于你和母亲在物理条件上隔得远了，所以情况会好很多。一旦开始独立生活，就意味着你真正开始体验自食其力的生活，而非以往模棱两可的自立。而且，离开母亲独立生活将会成为你人生的重要财富。

如果你的经济条件无法让你独立生活，那就给自己定个期限，要求自己在期限到来之前存够钱。想必这样的话，你的工作干劲会更足。

实际上，自食其力的人真的很伟大。

因为你努力工作得到了认可，所以你才会获得收入。而获得收入本身，就证明了社会对你的肯定。

当然，做有难度、有意义的工作不一定会得到高薪，而你的能力高低与公司的知名度也没有直接关系。

所以，请对"工作中的自己""有工作的自己"自信起来。

让工作更容易获得好评的秘诀

让我们暂时离开母女关系这个话题，来谈谈工作。在工作当中，要想轻松熟练地发挥才能是需要技巧的，在此，笔者打算给大家介绍一些技巧。

"我得多加学习提高实力。"

"不擅长的东西也得努力。"

"一定要发挥实力得到好评。"

当你努力工作的时候,会很自然地发现"有些方面虽然已经很努力,却难以进步"等问题。

人并不是万能的。大多数人都会有自己擅长和不擅长的东西,人们的能力天赋也各有不同。

比如说,有些人很擅长设计,有些人则尽管非常努力,却仍在设计方面难以进步。设计天赋是与生俱来的,所以进步不了也是无可奈何的事情。

然而,许多人从小就习惯了勉强自己去"努力"。他们太过在意自己的不足和无能之处,总是想着怎样努力去解决那些问题。但由于缺乏天赋而导致自己难以取得进步,使得伤心失落也成了常有之事。

确实,在升学考试时,我们不能放弃自己不擅长的科目。为了提高分数,我们一方面要努力维持强项科目的高分,另一方面还要努力攻克弱项科目。

可是长大成人后,如果还打算按这种方式经营人生,那就会辛苦得多。

实际上,对于你不擅长的东西,不管你怎么努力,都很难进步。你从一开始就很难战胜真正有天赋的人。

与其如此，不如在自己擅长和有天赋的事情上多下功夫，这样会比较容易获得好评。

一味重复艰苦的战斗或是参加注定会失败的比赛，只会让你的失败感和无力感不断增加，你会越来越强烈地认为"自己很无能"。同理，当母亲总是唠叨你的缺点，你自然会感到失落。

与其唉声叹气、历数自己的无能，不如寻找自己擅长的东西并且积极地去做，这种方法更有建设性。在职场上，如果遇见自己擅长的工作，那么不要犹豫，立刻主动去做，让大家看到你活跃的身影。

与此相反，当你遇见你不擅长的工作（不是指麻烦的工作），则可以装着无意地避开这项工作，请擅长的人代劳，尽量不让大家注意到你的不足。

要想获得他人的认可，你要长点心眼儿，尽量展现自己的长处，给大家留个好印象。这种小技巧能有效地帮助你被认可为"有天赋的人""有能力的人"。

工作上的牢骚应该对谁说

我们在工作中不可避免会累积压力，所以有时会想发一发牢骚。

人类本身很难持续压抑自己的感情,因此,必然得找个地方撒撒气。

但事实是,即使你对母亲抱怨工作上遇到的事情,也可能无法得到她的理解。因此,你并不能期待在家里释放工作压力。

过去的工薪族往往会选择与同事肩并肩坐在小饭馆,絮絮叨叨地发些牢骚。

可是近些年,与公司同事密切交好的传统已经渐渐消失。况且如果不小心说错了话,这些牢骚又被泄露出去,那么你在公司的处境就会变得相当尴尬。因此,有许多人都在言谈中小心翼翼。

现在,经常能看到许多人为了一吐为快,选择在微博等社交网站上匿名吐槽。

但是在小酒馆发牢骚时,那些醉话说过了也就忘了。而在网络空间发言的特性却是"留下痕迹"。

当你怒气冲冲地写下文章,文章就会一直存在网上,每当你看到那篇文章,就会忍不住回想起当初的不快,继而郁闷起来,从而陷入恶性循环。想必不少人都深陷这种境况。

在这一问题上,笔者推荐大家使用脸书(facebook)等社交平台。

脸书要求大家实名登录，而使用者往往会展示自己是如何有意义地快乐度日的。

由于大多数人会把好友、认识的人等亲密程度不同的人加入好友列表当中，所以他们在更新签名时会考虑是什么样的人在看他们的消息，看了的话会不会产生不利影响等问题。正因如此，他们往往会克制自己不在脸书上发牢骚、释放负面情绪。诸如"这家客户太可恨了……""再也不会原谅那家伙"（这些只是个别例子）等发言也就很少会被看到了。

不论自己在工作中遇到了怎样讨厌的事情，都要在更新签名时聚焦于自己积极的一面，如果被点赞，那么原本阴郁的心情也会转好。等到以后重读之前的签名，想必也不会回想起那些不愉快。

倘若这样做都无法消减压力，那么建议你去找和你没有工作关系的好友或者心理医生，向他们倾诉你的想法。

不要对无法跟上你谈话思路的母亲发工作上的牢骚，如果真要如此，就不要因为母亲"反应冷淡"而生气。

从工作中获得自我肯定

笔者在第1章和第2章中谈论恋爱与结婚方面的话题时

曾说过，获得自我肯定是拥有幸福人生的基础。

我们也曾经谈到，有些人因为家庭环境等原因而无法获得自我肯定。在这种情况下，应该通过读书、看电影等方式接触丰富多彩的世界，抑或寻求友人或心理咨询师的帮助，逐渐培养出对自我的肯定。

不过有些人可能并不适合这张处方。

如果是这种情况，那么通过工作逐步提高自我肯定感，才是比较符合现实的选项。

如果你的目标仅仅是被他人认可，那么很有可能你会被肆意利用，也有可能你会屈服于他人的主张而不断让步，还有可能你的立场也会变得摇摆不定。

为此，首先我们要有意识地"磨炼自己的能力"，投入到工作当中。

只要我们努力工作，做出成果，自然会受到好评。不过，一开始并不需要找过大的目标，而应该脚踏实地地往前走，一点一点地积累成功经验。

"成功了！""太棒了！"这种心情和我们的自我信赖感紧密相连。

不论是多么琐碎的工作，只要你认真去做，上司和前辈仔细检查后必然会夸奖你。诸如"你不论做什么都不行"等母亲常常脱口而出的**诅咒般的评价，也会被上司和前辈**

的好评覆盖。

脚踏实地的过程虽然缓慢,但是请一步一步地提高自我肯定。不要相信所谓的"妈妈都那样说了,我肯定怎么也干不好",在职场上,请抛开这种想法。

没见过你工作的人,就不能对你作出正确的评价。

所以,不要焦虑,也不要消沉,请认真工作吧。

别误以为自己一无是处

和母亲关系不好,没有老公,也没有男朋友——我对这样的自己感到非常无力,觉得自己连作为一个人的责任都没办法好好履行。

有些人对自己的处境太过悲观,从而产生很多诸如此类的想法。

然而,这种想法绝对是错误的!

你努力地工作,仅这一点就说明你正在充分履行作为一个人的责任。要知道,光是这一点就已经非常值得称赞了。

世界上有许多女性都和自己的母亲关系恶劣,并且没有伴侣。然而,难道她们都真的很差劲而且不幸吗?

事实并非如此吧。

假如你仍然无法为工作中的自己感到自豪,或是在职场上不被认可,那就试着组建社团或是建立朋友圈、同好会之类的团体。虽说你在家庭和职场上不被认可,但你也无须为此感到沮丧,只要在第三或第四个平台展现自己的光芒就好。

请千万不要认为自己一无是处。

能够冷静地谈论钱和性,才是真正的成年人

工作挣钱,为自己的恋爱负责。能做到这两点,就已经是很棒的成年人了,无须再被父母干涉。

过去,钱是父母束缚子女最有力的道具。

"到底是谁在养你!"

短短一句责问就可以令天真的孩子完败。升学、特长、兴趣,以及少得可怜的娱乐……只要是需要花钱的地方,都由父母掌握主动权,要受到父母的控制。

不管你有多么不甘心,没钱就会寸步难行。既然事实上是父母在养你,那么就算再怎么反抗,恐怕也是徒然。

而成年后,如果仍然依靠父母生活,结果必然会因钱的问题被父母按着脖子,无法逃脱他们的掌控。

也正因为如此,女儿才拼命打拼,为的是能够拥有养活自己的经济实力。

实际上，性和钱的性质非常相似。

许多生活在父母庇护下的女性受到"家规"的压制，连谈恋爱都会被父母干涉。就算对此感到不满，只要一直和父母一起生活，女儿最终不得不让步。

晚回家、在外过夜、每周末和男友约会等，有些母亲要求女儿必须挨个申请，向她汇报每件事。

一旦无故在外过夜，就要遭到母亲严苛的干涉，被母亲逼问到底自己是在哪里过夜，又做了些什么。就算女儿试图撒谎或糊弄母亲，母亲仍不会放松对女儿的追究。

一旦你声称，"我已经是大人，别管我了！"就会遭到母亲的反驳：

"妈妈只是在担心你！"

"要是出事了怎么办！"

"你在家里住，就得遵守家里的规矩！"

最终，你不得不对母亲屈服。

按理说，性对个人而言是极为隐私的，就算是母亲也不该踏入禁区，过问子女，至少对已经成年的女儿不应如此。

轻易过线，试图管理并监督他人的隐私，即使这个过线的人是母亲，这种行为依然可以被称为越权。

要想和母亲划清这方面的界限，对女儿来说，在物理上和经济上实现独立是非常重要的。

只要独立，就可以获得自由。

不在经济上依赖父母，也就不用勉强自己遵守父母的规矩了。理所当然地，恋爱也不再需要父母的干涉。

在生活中对自己负责，由自己作出判断，就意味着从父母无所顾忌的干涉以及他们对自己隐私的追问当中解脱出来。

"没有生活能力，只能依赖父母""被父母管制，只能遵从父母的规矩"。这些状态只会令你无法对自己的人生负责。

只有当你摆脱父母的干涉，能够冷静地谈论钱和性，你才算成长为"真正的成年人"。

与总是把你当小孩的母亲诀别

有些女性三十多岁仍甘于被母亲干涉，或许，她们意识不到自己已经是（应该是）"有担当的成年人"了。

可能是因为她们仍然受到母亲"诅咒"的束缚，或者她们误以为自己一无是处。

然而实际上，已经长大成人、拥有自己工作的女性，以及有意愿走入社会参加工作的女性，不可能是一无是处的。

你可能会认为自己一无是处，但那只是你的错觉，你只是轻率地认定"自己一无是处"而已。

倘若你觉得自己还是个"孩子",你当然会一直被母亲当做孩子般任意操控。你想让母亲不要因为你是孩子就利用你,但这句话本身就是在轻易地逃避责任。

而且,一旦你养成了不自觉接受他人支配的坏习惯,那么你在家庭以外的人际关系以及职场当中,也会常常被人轻易摆布和利用。

对母亲而言,如果你一直像个孩子,从某种意义上来说,当然好了。她可以无所顾忌地管制你、监督你,老实听话的女儿最为可爱。

但这样的话,就没法说你是在过你自己的人生了。

"我无须受到他人管制,我已经是成年女性了。"

"我要对自己负责,按照自己的价值观判断事物。"

"我能自己挣钱养活自己。"

首先,你必须认识到你具有以上这些能力,毫无疑问,这是你自己所拥有的"力量"。

当你必须要对某事作出判断时,同意还是反对,接受还是拒绝,这些都要尽可能地由你自己去判断。

请注意,不要过于在意母亲等其他人的意见和观点,不要总想着"他会怎么想"(工作场合则有所不同),不要因此束手束脚、被他人支配。

面对自己判断并采取行动的女儿，母亲可能会严厉地责备：

"你到底打算做什么？"

"刚给你点好脸色你就高兴得摸不着北了！"

如果女儿还是高中生，那么母亲的话确实没错。但你已经是大人了，你应产生一种自豪感，即你早已长大成人并进入社会生活了。

以成年人的姿态面对母亲

倘若你已经与母亲分开，拥有了独立生活所需的金钱，重要隐私也不再受母亲干涉，那么解开母亲的"诅咒"只是时间问题。

接下来你要做的，就是有意识地改变自己和母亲相处时的姿态。

女儿和母亲相互对立的原因之一在于，女儿一方总是误以为自己还是"孩子"，导致母亲无法从母亲这一角色当中解放出来。

母亲疼爱女儿，所以当女儿向其寻求母亲这一角色的关怀时，哪怕母亲年事已高，哪怕女儿很任性或顶撞母亲，母亲都愿意扮演好这个角色。

但是对母亲而言，这在某种意义上来讲太过苛刻了。

在过去，女儿很早就会拥有自己的家庭，母亲很快就能从母亲的角色当中解放出来。可是现在呢？女儿长时间以孩子的立场面对母亲，导致母亲难以从母亲的角色当中走出来。

女儿一直以孩子的立场向母亲提要求：

"了解我是理所当然的，理解我也是理所当然的。"

"不按我想的那样对待我，我就会生气，焦躁得想要爆发。"

这种幼稚的态度实在是很孩子气。

"母亲与女儿虽然关系亲密，但她们有不同的人格。"

"母亲和女儿价值观有差异是理所当然的。"

"虽然母亲是长者，是人生的前辈，但她同时也仅仅是一个中老年女性。"

换言之，女儿在童年时对母亲的印象是温柔、可怕，按照各种标准要求女儿，透视眼般地一眼看穿女儿的一切。现在，长大成人的女儿必须抛弃并改变这种印象（这也是为了母亲）。

母亲只是一位随处可见的平凡女性，她对事物的认识并非总是正确完善的。

在养育女儿成人这一阶段，母亲所具有的常识和技能基本够用。但随着女儿长大,她自身也拥有了各种经验。

但如果女儿仍只是方便地向母亲寻求指引,一旦她的建议有误就大呼小叫——就算再怎么装小孩儿,也得有个限度吧。

到了该把母亲从母亲这一角色当中解放出来的时候了。

从其他角度看待母女关系,也会得出同样的结论。

成为有担当的人

过去,人们认为建立新家庭就意味着成为有担当的人。当然,现在也有许多人持同样看法。

但是除此以外,**笔者还想提出自己的观点,即独立挣钱才是有担当的人。**

要想脱离母亲的庇护独立出来,前文中曾强调工作与收入的重要性。

就业与结婚,都是从母亲身边独立出来的重要节点。

首先,要从学校毕业参加工作,做到自食其力。

然后结婚,拥有自己的家庭。

从男性的角度来说,可能就业更加重要。

工作是决定男性将如何生活的关键。甚至可以说,他们人生的大半是由工作决定的。

结婚生子当然重要,但是与工作相比,其比重似乎就轻一些了。

那么对女性来说,结婚是更重要的事情吗?

在当今这个时代,即使是女性,也不能轻视就业所占据的比重了。

在过去,女性只需工作一小段时间就会嫁人,嫁人后就依靠伴侣生活。但现在与过去已经大为不同了。

为了能够从父母身边独立,首先必须自己养活自己。就算拥有了自己的家庭,要想在将来规避风险,就不可以放弃工作(或者要保留可能复职的职业技能)。

过去的女性会渐渐地从双亲的庇护转移到丈夫的庇护。可以这么说,父亲与丈夫就好比保护女性的堡垒,女性常常被置于他们身后。

然而在这个时代,想找个那样的丈夫已经变得不现实。

谁都知道,如今日本的形势相当严峻,未来也不容乐观。

女性既被要求在工作中担当重要角色,又要在家庭中被定位为合伙人。

"我不想独立,想让丈夫保护我。"

会有人选择敢说这种话的女性做妻子吗?

拥有工作才真正意味着实现独立。为了找到人生的伴侣，现在应该立刻放弃"被庇护的孩子"这一角色，作为一个大人生活下去。

无须和母亲决裂

读过上文后，可能有的读者已经下定决心从母亲身边独立出去了吧。

我们深深地了解，并不是世界上所有母亲都能听从女儿所说的话，和女儿隔开距离时，能冷静相对，从远方支持女儿……

"我要开始独立生活了。过去真是谢谢您了。"

如果短短一句话就能离开母亲实现独立，那么谁都不会感到辛苦。

有的人为了能在别扭紧张的母女关系中贯彻自己的意志，之前就做好了大吵一架的准备。与此相比，若无其事地拉开距离才是上策，这种方法才能让母女在以后更容易维持关系。

假如你一言我一语地吵起来，说很难听的话：

"我已经受够了。我要搬出去！以后再也别联系我！"

这话一出口，就算是母女，也很难回到从前的关系。

对于你突如其来的独立宣言，母亲会感到吃惊和愤怒，这时你可以巧妙地搪塞："没问题的,别担心。"

"要是有什么事情,我会立刻找妈妈的,到时还要麻烦你呢。"

如果能做到委婉应对,想必母女关系就不会进一步恶化。

面对大发脾气的母亲,从容不迫地做做表面文章,道个歉:"嗯嗯,这样啊,抱歉啦。"接着,就可以井井有条地为独立生活做准备了。

即使开始了独立生活,万一出了什么事情,母亲的家庭(娘家)还是可以作为避风港的。不要彻底破坏母女关系,让自己失去容身之地。

不仅是母女关系,在处理普遍的人际关系时,也不是什么事都一定要分出黑白的。有时我们需要放缓脚步,暂时把问题搁置在灰色地带,不作决定。

如果你觉得双方都不肯退让,这样下去可能会导致关系紧张,那就采取暧昧的态度应付过去,然后拉开物理上的距离,让时光来冷却一切。

不要选择决战到底、非得把对方打倒,或是情绪化地争吵。这是维系人际关系的诀窍。

前文曾反复说,女儿有着自己的经验和知识。想必许多女性都体验过母亲所未曾体验的事情(例如如何搞定职场中微妙的人际关系）。

这样考虑的话会发现，重要的是女儿一方应意识到要取得主动权，然后指导母亲。

当然，由于母亲是长者，所以在形式上要尊重母亲，时刻保有作为一个人应该有的素养，一定不要做出轻视母亲的举动。

但是，如果你觉得"这样做更好""我想这么做……"，那就尽量委婉地去诱导母亲。

在公司时，你常常需要应付年纪大的上司和难以取悦的上级吧？试着把应付他们的要领用在母亲身上。

表面上作出让步，实则贯彻自己的主张。表现出尊重对方的同时，巧妙地把场面应付过去。

这类高级的交流技巧不仅可以应用在商务领域，还能应用在母亲身上。

第 4 章

家庭不和都怪老妈?

重新衡量母女距离

　　童年时代，最亲密的人际关系就是亲子关系。然而随着女儿离开母亲、实现独立，两者间的关系理所当然地会发生变化。

　　母亲一方也必须接受这一现实。

　　女儿结婚后，自然而然地会更加重视她所建立的新家庭，而不是抚养她长大的家庭。她不可能一直黏着娘家不放。

　　另外，如果女儿一直和母亲过于亲密，恐怕连出去邂逅男人、组建家庭的意欲都会降低。

　　当母亲抱怨："真是白养了你！"女儿就会回应说："你为什么不理解我呢？！"女儿出生以来，已经过了很长时间，周围的环境与状况早已发生了改变，可双方仍互相强调着：

"听我说！""你才该听我说！"但这种做法毫无意义。

面对倾吐不满的母亲，女儿应该试着去理解，"把我养大一定很辛苦吧""因此才会这么执着吧"，同时有必要认真思考自己在现在这个地方应该做些什么，然后付诸行动。

这样提议也许有点极端，但笔者认为，你可以**把母亲当做"亲戚家的阿姨"来看待**。

与母亲交流时不要注入太过强烈的感情，而应逐渐冷静下来。

"谢谢您一直以来的关心。"

"这一阵子谢谢您了，您帮了我很大的忙。"

"谢谢您前一阵子的帮助，请收下我的谢礼。"

不必真的把这些话说出口，但心里要这样想。

独立生活以后，就尽量不要再任性撒娇或是和母亲发生冲突了。

即使是母亲先挑起争端，也要若无其事地避开争吵，有时还可以拉开双方的距离，尽量不引起冲突。如果你已经开始独自生活，与母亲在空间上拉开了距离，那么这应该不难做到。

这样一来，你和母亲"互不侵犯的领域"逐渐增多，各自独立生活就会逐渐变成事实。

不独立的女儿与不离婚的母亲一样

有些女性从小就与母亲关系不和，却不离家独立生活。

问及理由，她们的借口各种各样。例如，母亲不肯同意，遇到不好的事情时会不安，独自生活开销太大，工作地点离家很近……

在这里笔者想指出的是，如果母女关系真的坏到一定程度了，女儿肯定什么借口都不找，立刻就搬离吧？之所以会东拉西扯各种理由，还是因为母女之间仍在互相谅解的范围内，没到离家的地步……

有些母亲总是对子女以恩人自居，尽管他们夫妻间经常发生激烈争吵，却声称是为了子女才忍着不离婚。在这一方面，找各种理由不搬离的女儿和此类母亲没有什么不同。

不离婚的母亲会列举各种不离婚的理由，比如说为了女儿、考虑到社会影响、不想让周围人担心等。其实归根到底，还是因为对婚姻的不满程度尚未达到离婚的地步。

倘若女儿对母亲的不满程度尚未达到搬离的地步，而且母亲也允许女儿继续在家里居住的话，那么女儿也可以不搬。不过如果是这种情况，就不要再唧唧咕咕地发牢骚了，而应该履行好家庭一员的职责。

从便利和经济的角度来看，如果你认为住在家里更划算而选择住家里，就请参考前文中介绍的母女相处技巧，巧妙地与母亲保持一定距离，营建良好的关系。

其实把话说难听些，成年的女儿与允许女儿在家住的**母亲之间，就好比公司职员与公司舍管阿姨之间的关系。**

在不同的家庭中，女儿付给家里的生活费各有不同，不过大多数女儿所给的钱都不够在外面同等条件下生活。

既然如此，就应该对母亲表示感谢，表面上对母亲顺从些，耐心听她唠叨。

由于舍管阿姨担负着管理职责，所以理所当然地不允许住宿人员任意妄为。因为晚上要锁大门，所以舍管阿姨要求晚归者必须提前打好招呼。如果不回来吃饭的话，为了不浪费食材，舍管阿姨也会要求住宿人员提前通知一声。

而住宿人员为了和舍管阿姨搞好关系，有时也会买些小礼物送给阿姨吧？

"你去哪里？""你出去干什么啊？"面对这样的追问，如果回答："跟你没关系！"那就太不圆滑了。所以应该把态度放柔和，干脆地回话（笑）：

"嗯，有点事要出去一下。"

"以前的朋友找我……今晚就不在家吃饭了。"

面对母亲等家庭成员时，保持成年人的态度去应对，避免没有意义的冲突，就是避免家庭出现风波的秘诀。或许你会觉得这样做太过见外和冷淡，可是，再亲近也要讲礼数。

如果家里有兄弟，母亲对待女儿会有何不同

一个家庭当中，不仅有母亲和女儿，还有父亲、祖父母，以及兄弟姐妹等各种成员。

在子女众多的家庭，父母肯定要把自己的关注分散到各个孩子身上。比如"二战"前的许多日本家庭，由于兄弟姐妹人数很多，所以母女问题并没有像现在这样被放大。然而现在的日本家庭当中，尽管有兄弟姐妹，但人数毕竟不像以前那么多了。因此，母亲的关爱与注意便往往更容易集中。

言归正传，如果女儿有哥哥或弟弟，且哥哥或弟弟已经结婚生子，那么母亲对女儿的责难就会舒缓许多。原因在于母亲的兴趣与关心很大程度上都投注到儿子一家身上了。

按理说，母亲对儿子的爱和关心会与对女儿的在本质上存在不同。而且多数情况下，母亲很少会拿成年的儿子与女儿（兄妹或姐弟）的人生作对比。一方是把重心放在

工作上的男性（异性），另一方是想得很多、容易把结婚看得很重的女性（同性）。想必母亲根本没有拿儿子与女儿对比的想法吧。

母亲指着无比疼爱的孙子或孙女对女儿说："看看，你也应该赶快结婚……"当母亲挑起这样的话题时，女儿只需开朗地随声附和，"是啊、是啊"，然后和母亲一起夸奖兄弟的孩子，就能把话题应付过去了。

在这种场合，假如你觉得别人抢走了母亲对你的爱，感到嫉妒，那就说明你还没有实现自立。你该做的，不是孩子气地满心嫉妒，而是应该感谢兄弟转移走了母亲的注意力，并且开始着手准备独立。

可能有时会让你帮忙照看侄子、侄女或外甥、外甥女。虽然一方面这是你作为家庭一分子应尽的责任，而另一方面，如果能借此机会和兄弟保持不即不离的关系，就更好了。

但如果不小心，没处理好个中关系（例如溺爱兄弟的孩子等），就有可能和嫂子或弟媳发生摩擦。因此应看清状况，把握好距离。

如果你有未婚的兄弟，不如劝他们先结婚，这样的话，你的自立之路可能会更加顺利。

姐姐很辛苦，并且责任重大？

另一方面，假如你在家里只有姐妹，没有兄弟，那么很有可能你和你的姐妹从小就被母亲及其他家人进行比较。

外貌、性格、成绩、学校、工作，甚至从结婚对象的社会地位到生孩子的年龄等，所有方面都会被拿来对比。

对于这种情况，就算你想不介意，也无法避免被不断地比较，有时，因此而产生的竞争心理也会起到积极的作用。

但当你长大成人，能够自食其力时，就会开始明白人与人之间的差异"不过如此"，按照自己的节奏去生活，更能让自己精神放松、获得幸福。

一般情况下，做姐姐的常被大人教导："你是姐姐，要让着弟弟妹妹。"于是，许多姐姐会被迫学会忍耐，往往感到压抑。

不过，许多作为长姐的女孩都很有魄力，当家里出事时，她们会主动去担负，而这往往导致她们承担了过多的责任与辛劳。

现在的法律规定家庭中子女的权利与责任均等，并未要求姐姐必须承担更多的辛劳。要是姐妹都已长大成人，那就更没理由要求姐姐担负更多了。倘若做姐姐的不能明确自己的责任范围，就很有可能被自己设定的"必须论"

束缚，甚至感到痛苦。

有的家庭当中，母亲与妹妹总是以"你是姐姐"为借口，要求当姐姐的做这做那。假如姐姐一直默默忍受，那么她自己的事情就会被排到后面，长此以往，姐姐就很难抓住自己的幸福了。

有的姐姐觉得"自己忍忍就好"，可是，如果这种忍耐被周围人利用，她的人生便甚至可能会被毁掉。

如果姐妹之间有二十多岁的年龄差，就另当别论了。不过大多数情况下，姐妹的年龄差距并不是很大，她们长大成人后，这个差距则基本可以忽略了。仅仅因为姐姐年长上几岁，就要求姐姐一个人担负所有辛劳，是完全不对的。

请不要太过在意自己作为姐姐的立场，不要太过束缚自己。并且，不要一直把成年的妹妹当做小孩来看待，要尊重妹妹的自主性，避免过度的担心和干涉。

一直被当做小孩的妹妹也很痛苦

另一方面，妹妹也有她的痛苦和烦恼。

刚一出生，就有哥哥或姐姐压着，所以从一开始，妹妹就无法独占父母的宠爱。特别是在小时候，常能看到妹妹被姐姐按着脑袋教训的情景。

反过来讲，因为有姐姐在前面做示范，妹妹的学习机会很多，妹妹往往能较好地掌握处理人际关系的要领。负责而又温柔的姐姐保护、疼爱着妹妹，这种经历对妹妹的性格也会产生影响。

被姐姐保护和疼爱，同时也意味着会遭到像小妈妈一样的姐姐的不断干涉。对此，妹妹可能会感到非常厌烦。

而在某些家庭，姐姐干脆地搬离后，所有事情会突然全都推到妹妹身上。抑或妹妹一直被家人疼爱，副作用之一就是大家都不把她当大人看待，所以她必须担负起活跃家庭气氛的职责。长此以往，妹妹会疲于缓和家庭矛盾。

不论是何种情况，姐妹们成年以后，她们在精神上都开始变得独立，这时，她们孩提时代以来的职责就有必要发生变化了。

在姐姐看来，不过是因为自己比妹妹大上几岁，就不得不一直照顾妹妹，这也太辛苦了。而在妹妹看来，自己都已经是大人了，却还要被姐姐不断干涉，实在是受够了。

有的母亲则一直把女儿们比较来比较去，因为一点点差别就偏心某个女儿，有时还会对姐姐抱怨妹妹，对妹妹抱怨姐姐，影响到姐妹之间的信赖之情。

对于这类母亲的行为，可能做女儿的会感到焦躁。但是如果听信了母亲的话，继而和姐妹产生冲突，结果只会导致弥足珍贵的姐妹之情发生恶化。

当双亲年老离世，留在这个世界的血缘至亲就只剩下姐妹。倘若这个时候姐妹关系恶劣，那真是太可惜了。

姐姐和妹妹既然都已经成长为独立的女性，她们的立场与责任就都是均等的。因此，请不要把童年时代的区分对待与不平等延续到成年以后。

有时，姐姐和妹妹也可以结为盟友，就如何与母亲达成和解进行交谈，商讨战术。

站在独生女的立场上

独生女所肩负的压力，要远远重于有兄弟姐妹的人。

从小时候起，独生女就集父母的期待于一身，长大后则要时刻关注父母的情况，而当父母年事渐高，独生女只能一个人去操心父母的老年生活。

特别是如果母亲对女儿紧缠不放，说着类似"不要离开妈妈""不要让妈妈孤零零的"话时，女儿就更难实现独立。

当然，有些母亲会从后面推女儿一把，让女儿"自由去飞"，不过女儿却可能因为担心母亲而不肯离开。

从这点来看，可以说，比起有兄弟姐妹的女性，独生女更难摆脱"母亲的诅咒"。

然而前文中笔者曾反复强调,母亲其实是盼望并支持子女走向独立的。

不论她们嘴上怎么说,内心深处还是殷切盼望女儿能"实现自立""抓住幸福"。当她们的期盼终于得到满足时,才终于能放下心来,真切感受到养育女儿的幸福之处。

"妈妈求你了,不要离开妈妈!"

"你想让妈妈孤零零的一个人吗?"

母亲现在眼泪汪汪地恳求女儿不要将自己丢下,二十年后,则可能会变为对女儿迟迟不结婚的斥责。

"为什么你就结不了婚呢?"

"我到死都见不着外孙了。"

"咱们家的香火终于要断了!"

当独生女被母亲这般斥责,她恐怕会惊呆吧。明明她是为了母亲才流着泪选择了单身之路啊!

"不是你说要我别离开你吗!"

"没有,妈妈没说过那种话。"

"你说了!"

"没有,妈妈没说过!你打算把责任推卸到别人身上吗?"

年事已高的母亲与人过中年的女儿为这种事情争吵,既可悲,又徒然。到了那个时候,就算再怎么后悔,时间与青春都再也不会回来了。

其实，独生女离家独立并不是什么过分的事情。子女众多的家庭当中，子女们全都独立、父母独自生活的例子并不在少数。

倘若父母能独自生活，照顾好自己，那就更不构成犹豫是否离家的理由了。

假如周围有人问你："你父母怎么办？"这种话听听也就罢了，无须介意。若是父母身体不好，女儿也不必一个人扛起所有重担，可以向政府寻求帮助等。

"女儿的幸福就是母亲的幸福。"

这是养育女儿的真理。**回报父母疼爱的最好方法就是女儿获得幸福。**

关于孩子的自我主张

儿童到底是从几岁开始形成自我主张的呢？

有的孩子不到两岁、还不能清楚说话时，就已经能表达自己想穿什么衣服了。

父母想给孩子穿上男孩子气的帅气衣服，可孩子却喜欢带有粉色和红色荷叶边的可爱衣服。如果不给孩子穿上她喜欢的衣服，她就会一直闹。

还有的孩子不仅对穿衣有自己的主张,而且如果对腰线的位置不满,也会用她为数不多的词汇努力表达自己的意见。

父母总想象孩子肯定是这种孩子,或者在他身上构造一个理想图,"希望孩子以后变成这样"。但父母的想法未必与孩子本人的意愿一致(即使是两岁的儿童)。

而且,当父母试图勉强孩子按照自己的理想图发展时,孩子会反驳:"不要!"

有些孩子在很小的时候就开始向大人表达自己的喜好,另一些则在稍微大点后才开始产生自我主张。

父母需要理解的是,子女是拥有个人独立意志的不同人格,他们不可能完全按照父母的要求成长,更不是父母的翻版。

关于这一点,朋友有句话令笔者至今印象深刻:**"养育子女就要学会一步步地放手。"**

父母相信子女拥有无限的可能性。随着子女开始在容貌,继而在感兴趣的对象、喜欢的课程等方面发展出自己的喜好,父母不禁会惊讶:"哎?这孩子怎么往这个方向发展了!"

比如母亲强烈希望女儿能成为钢琴家或芭蕾舞演员,但女儿却不像母亲所期望的那样对钢琴或芭蕾舞感兴趣,又或者不适合这两个方向。

倘若母亲的期望与女儿的天赋一致,当然皆大欢喜。但是大多数情况下,还是不一致的可能性比较大。所以说,养育子女,就要一步步放手。

反过来说,当孩子告诉家长"我想学××""我将来想成为××"的时候,就算父母对孩子所说的内容毫无兴趣,预感到前景不会那么美妙,也不能不容分说地去否定或禁止,这点极为重要。

相互信赖就不必担心?

对孩子来说,没能表达自己的主张,只是一味地按照母亲的要求在自己不感兴趣或不适合自己的领域努力,实在是非常痛苦的事情。

就算小时候为了讨母亲欢心而努力过,但孩子会逐渐长大并且萌生自我,然后就会产生强烈的反抗意识。

"自己到底是为了什么才这么做的?"

"自己想做的不是这个。"

"请让我做自己想做的事情!"

如果她没有这样做,或许是因为她已经燃尽了全部热情,变得毫无动力,对一切都失去了积极性。

要发挥个人的个性与才能，来自周围人的冷静旁观当然很重要。但同时，个人的意志和积极性也必须得到周围人的尊重。

然而，倾听女儿的意见，认真观察女儿的资质，单纯地愿意"支持孩子走自己想走的路"的母亲恐怕非常少吧？

假如母亲认为人生一定要稳定，那么她可能会逼着女儿好好学习，朝着医生、律师、公务员、大公司职员等社会地位较高的职业努力。

相反，倘若母亲认为结婚是女人的头等大事，那么她可能会让女儿去那种能培养贤妻良母的学校学习，强制女儿专注于学习琴棋书画等特长。

但很明显的是，孩子有她自己的愿望和想法。

这种时候，若要母亲下定决心放弃执念，允许孩子走自己想走的道路，就需要对孩子有着强烈的信赖感。

恐怕这孩子没有仔细地规划职业与未来，或许她只是不想学习，其实她可能本来就没什么才能吧……

对女儿心存疑虑是很自然的事情。但用比较不留情面的话来讲，这种疑虑恰恰证明了母亲并不信任女儿。如果相信女儿的干劲和才能，那么母亲肯定会支持女儿："去试试吧！"

无论遇到什么样的困难，这孩子肯定都能克服。

没问题的,这孩子肯定能行。

当母亲开始这样想的时候,她才终于能试着放飞女儿,目送女儿踏上征程。

而从女儿的立场来看,如果她自己都不信任自己,那么她也不可能获得母亲的信赖,而母亲也不可能任由不安的女儿独自前行。

如果你想离开母亲实现独立,就必须扫清自己身上残留的不安因素,告诉母亲,"我自己一个人能行",让母亲放心。

工作、金钱、履历、恋爱、结婚、生育……母亲对女儿的担心涉及方方面面。为了全权掌控自己的人生,女儿恐怕需要付出大量的努力。在此过程中,想必女儿常常会灰心丧气。

尽管如此,要想获得母亲的信赖,就必须明确告知母亲:"妈妈,我没问题的!"听起来,整个逻辑就像"鸡生蛋、蛋生鸡"一样绕来绕去,但为了获得母亲的信赖,女儿就一定要自己相信自己。

但首先,请在精神和经济上实现独立,朝着自食其力的目标前进。

养育子女是父母自己的决定和义务

既然女儿已经能够自食其力,那就无须再像生活在母亲庇护下的时候那样绝对服从母亲的安排了。既然能对自己负责,那么即使不依靠母亲,想必也能凭借自己一个人的力量披荆斩棘。

也就是说,这意味着女儿不能再对母亲撒娇,要把依赖母亲的心理扔掉,并且在心理上毫无障碍地做到和母亲的立场对等。

而且一旦女儿实现自立,可能母女之间的亲密度也会发生变化吧。

过去,女儿不管做什么都要问问母亲的意见。现在,女儿对自己负责,由自己判断,独立生活。

当然,母亲仍然是重要的家人,这点没有任何变化。然而女儿的生活比重会逐渐过渡到其他人和事上面,例如工作和恋爱。结婚后,她可能会把重心倾注在伴侣身上;生育后,则会转移到子女身上。

按理说来,母亲应该会为此感到高兴。当女儿成长为出色的大人,能够自己决定自己的人生的时候,母亲会克制住寂寞之情,温柔地目送女儿远去,这是母亲的职责。

可是,有些母亲却会因为寂寞与不安而不肯放任女儿离开。她们也许会这样责备女儿：

"你好好想想，是谁把你养大的？"

"你知道我在你身上到底花了多少钱吗？"

"妈妈为了你花了多少钱！付出了多少辛苦！你得懂得报恩！"

乖乖女听到这些指责后恐怕会惊呆，不由得止住了自己的脚步。

母亲真的是在要求回报吗？假如母亲真的是在要求回报，那么要回报母亲的养育之恩，女儿到底要偿还多少呢？

是把大学毕业之前的所有学费一概偿还？还是连同迄今为止的生活费一起偿还？是不是还要照顾母亲安享晚年？

不论是哪种偿还方式，想必都会是相当大的金额。如果真要完全回报母亲的养育之恩，那么成年后至少有几十年的时间必须待在母亲身边。难道真的非要做到那个地步吗？

女儿并没有拜托过母亲把自己生下，也没说过"求你把我生下来吧"之类的话。决定生儿育女的是女儿的双亲。

为了寻求回报而养育子女的父母并不存在。首先，养育子女是以花费大量金钱与劳力为前提的，这是为人父母都明白的道理。甚至可以说，正是因为你的存在，才让你的母亲成长为能独当一面的大人。

也就是说，**在子女身上花费金钱与劳力是父母的义务。**

决定付出的人是父母自己，因此子女无须为此介怀。

假如以后父母在经济上比较拮据，不要感伤地把自己对父母的支援当做偿还父母养育之恩的义务和谢礼，**而是把它看做来自独立出来的小家庭的援助**，这也是应该有的心态。

女儿对母亲的最好报答就是获得幸福

父母所期望的并不是让子女一直待在触手可及的地方，而是让他们学会独立，能够独自生活。纵观动物世界也可以发现，不肯放任子女独立的父母并不存在。

养育子女的最终目标，是让他们能够独自生存。从子女的角度来说，这也是他们的首要目标。

人类是动物的一种。成功地实现独立，在能力和魅力方面得到周围人的认可，找到优秀的人生伴侣，留下子孙后代。这才是人类DNA中蕴含的最基本的设计图。

但与其他动物不同的是，人类具有高度的知性和丰富的感情，因此，在完成这一设计图的过程中，会交错产生许多记忆和情绪，而这正是阻碍子女实现基本独立的原因之一，同时也是令父母子女双方看不清问题本质的重要原因。

当然，如今在日本，结婚生子是个人的自由。无论当事人选择怎样的人生，他人都没有置喙的权利。

而从生物的本能来讲，父母不可能不希望子女独立。

换言之，就算母亲为了限制女儿行动而拉紧缰绳，就算母亲言语过分从而导致女儿灰心丧气，母亲真正期待的仍是女儿能实现独立（或许你会觉得难以置信）。

不论母亲自己是否能意识到自己的真实想法，这种想法本身都是父母所必然会有的。

若是被母亲表面的言论迷惑，犹豫于是否自立，那么总有一天，你必然会感到震惊："明明一直按照母亲的要求做一个好孩子，乖乖生活，怎么突然说我这种行为是不孝呢？到底是怎么回事？"

不论母亲到底想说什么，她的本能愿望都是期待女儿自立和结婚，这点不会发生变化。

母亲最强烈的原始欲望是希望女儿走向独立、获得自由，与人生伴侣一起抓住幸福。因此，女儿对母亲的终极报恩就是得到幸福。

女儿追求并获得自己的幸福，对母亲而言则是不可替代的幸福。若是因为母亲一时的感情流露、愤怒悲伤而误会这一事实，就可能会造成不可弥补的损失。

不论母亲嘴上怎么说，女儿的幸福就是母亲的幸福。

女儿越是幸福,母亲就越是幸福。

请永远不要忘记这一点。

被迫演绎各种角色的女人们

很早之前,重视并高度评价个性的风气就已在社会弥漫开来。实际上,许多学校也在探索如何发展学生的个性。

可是,当孩子们茁壮成长,形成了丰富多彩的个性并走向社会后,若要问问他们是否能在社会上尽情发挥个性,却发现情况并非如此。

目前,社会仍然是集体主义,能够肆意展示个性与个人特色的职业还仅局限于创作行业。而在其他行业,个性与特色则常常会遭到倾轧。

大多数人认识到了这一事实,所以顺应社会风习,在工作中格外重视协调性。

于是,我们在成长期时被要求"要有个性",而当我们终于尽自己所能形成了独创性,走上社会,这种独创性却很有可能对我们造成阻碍。

而且比起男性,这种倾向可能在女性身上表现得更为显著。

男性的生存之道与过去没有什么不同。学生时代,他们和朋友友好相处、共同学习，进入社会后还是和周围人友好相处、讨论工作。其后，大多数男人都会选择结婚、养育子女，并且为了家庭努力工作。可以说这是一种极为简单的生活轨迹。

然而，近年来的年轻女性又是何种情况呢？

她们在学生时代被种种言论煽动，"未来是女性的时代""女性可以拥有各种生活方式""发展自己的才能"，等等。而一旦她们走上社会，却发现世界还是老样子，大多数人都很难找到能尽情发挥个性的地方。

啊？难道是在这里？在母亲所说的充满性别歧视的老派工作环境，我该怎样施展才华？想必许多女性都怀有这样的疑虑。

尽管如此，"只有女人才能做……""正因为是女性，才应该做……"等语句又常常如影随形。女性不得不一方面坚强利落，一方面还要扮演好旧时代女性的角色。于是，女性开始承担起极为沉重的负担。

女性要和男性一起工作，要和男性一起挣钱，要出人头地，要结婚，要守护家人，还要生儿育女，教育孩子，看护老人……普通人只要想想，恐怕都会头晕脑涨。

然而，认真努力的女人们绝对不会因此满口怨言。她们明白当今世界已经与母亲所生活的时代大为不同，一旦离开奋斗的前线，很有可能就再也无法爬到相同的高度了。

越是想在自己的阵地努力奋斗，越是会把自身分裂为自己的信念、周围人的评价、"女人的幸福"等元素，度过压力重重的每一天。

要想在这样的社会顺利存活，女性就要学会针对不同的场合换上不同的表情，在生活中演绎好各种角色。

在公司扮演这种角色，面对朋友、恋人以及精心呵护自己的家人时，又要换成另外的角色。

无须小心翼翼地对待的家人

虽然针对不同场合扮演各种角色是个好办法，但是这样做太累了。一人分饰多角实在太过复杂了，就算你心里不想这样做，但不扮演这么多角色，也并非简单就能做到的。

在过去，一旦升学或走进社会，就不会和以前认识的人有太多交流机会了。正因如此，有些人在成为大学生或社会人的节点上，会选择改头换面，重新设计自己的人生与性格。换个环境，以崭新的心情生活是很有可能实现的。

然而现在，我们能够通过互联网共享的信息太多了。如果过去的自己与现在的自己差异太过明显，就可能会被他人穷追不放。

在过去的人际交往过程中，不存在个人信息的管理问题，以及因对象不同而扮演角色不同的辛苦。现代的人际交往比起以往则更为复杂化，变得非常消耗精力。

我已经受够了。考虑所有人的心情，扮演好各种角色实在是太累了。我想找个地方喘口气休息一下……

当你这样想的时候，眼前最先浮现的想必就是家人吧。

你在外面的世界摸爬滚打、精疲力尽、满身是伤，这个时候，能收容你的地方就是家。你想在家人面前摆脱自己扮演的角色，恢复真正的自己，偶尔还想任性地对家人撒娇。光是为了这个原因，你也想要拥有自己的家庭，想要结婚。

但是，这种想法却潜藏着一些危险。

正如我们之前多次就母女关系指出的那样，如果你认为"了解我、理解我是理所当然的"，那么这种想法就是危险的。

尽管你想让对方理解真正的你，想让对方了解你的心情，可是，如果双方在人生经验和价值观等方面存在差异，这份期待就不合情理了。

即使你要求理解你的对象是生你养你的母亲，这种行为也存在风险。所以，可想而知，当你要求其他家人乃至恋人、结婚对象完全地知你懂你，将会存在多大的风险。

当你向对方投出一个直球,要求对方:"了解我,理解我!我们不是已经成了一家人吗?"对方极有可能无法应对,甚至会产生矛盾。

不论关系多么亲密无间,也要考虑对方的心情。这就是人际关系。

虽然母女之间畅所欲言也可以维持关系,但这是因为母亲深爱着女儿,女儿也深爱着母亲。可是,不要妄想这种行为可以适用于其他人际关系。

倘若你对不亲近的朋友或上司等和盘托出你的所思所想,那么双方间的关系必然会土崩瓦解。同理,如果因为伴侣对你的宠爱而失去分寸,恐怕也会发展为无法挽回的事态。

所谓的完全知我懂我的人,不过是幻想

如果有这么一个人,他了解我的一切,温柔地包容全部的我,那将是多么幸福的一件事啊。那实在是太美妙、太美好了。但严格说来,我们最好认为这个世界并不存在那样一个完全知我懂我的人。

要想让对方理解自己,就需要认真地沟通,因为对方可能并不了解或者并不理解其中的部分内容。如果没有

认识到这一前提，那么你对对方的不满与失望只会越来越强烈。

倘若强烈希望对方完全知我懂我，抑或孩子气地认为了解我是理所当然，那么，一旦对方没能像你所期望的那样给予回应，你就可能会变得非常焦躁，从而爆发不满。

假如你一直对对方持这种态度，就算仅仅是家人间的交流，也极有可能损坏双方之间的信赖关系。

圆滑处理人际关系的关键在于，**保持适度的距离和顾及对方的心情**。

正因为我们常常忘记这一点，才会反复发生冲突，耗尽他人对自己的好感。

在人际交往中不考虑对方的心情，意味着你的交流技巧还停留在未长大的孩子水平。

如果是已经走上社会、工作出色的成年女性，想必早已发现，所谓的"就算我什么都不说，也能完全懂我的人"，不过是自己的幻想。

当然，如果感到痛苦难过，可以对信赖的人好好倾吐自己的抱怨或心事。

但是，**不要鲁莽地要求对方，"一定要无条件地理解我的一切，支持我的一切"**。

假若你体会到了该如何"摆正态度"，那么不论是处理亲密的人际关系，还是商务性的人际关系，摩擦与龃龉都会减少许多。

通过自立来满足想被他人理解的心情

当女儿成长为自立的大人，能按照自己的想法让过去的母女相处模式告一段落，想必一直以来求而不得的心绪乃至寂寞、痛苦等，就不会再像从前那样，总是投射到其他人际关系的应对当中了。

不要再为获得母亲的理解和包容而横冲直撞，也不要在寻找包容自己一切之人的路上彷徨了。

自己去满足自己的要求。与他人争论时，则要站在对方的立场上思考。

想要让对方理解自己，那就认真地把内容传达给对方，并且也要尊重对方的意见。

自己对自己负责，自己去决定自己的事情，这才是一个自立的成年人该有的态度和行动。

一味被他人保护着不放手，是无法抓住幸福的。

童话故事的结尾常常是"英俊的王子向她求婚，于是他们在宫殿里幸福地生活下去"，但在现实当中，故事并不会就此结束。

这是因为，要想和优秀的异性过上幸福的生活，需要你以成年人的身份不懈努力和付出关心。对于能够真心感受到婚姻幸福的人，并非只是因为他们运气好，努力抓住和维持幸福也是不可或缺的。

在处理商务等方面的人际关系时，同样也要这样努力。

而即使是血脉相连的母女之间，也依然有不少事情无法互相理解。

因此，不要寄希望于对方主动理解你，而是主动向对方认真表达自己的心情和意见。

不要由他人安排，而是自己去决定要成为怎样的人。

只要充分理解并在行动中贯彻"自我责任"，想必那种焦急渴望他人"知我""懂我"的心情也会渐渐消失吧。

当你在精神上不再过分依赖他人，由于太过依赖恋人和朋友而被对方疏远的风险，以及被怀揣恶意之人利用的风险也会降低。在工作和私人生活中，你会开始按照自己的判断去行动，变得越来越自由。

成为大人，其实就是这么一回事。当你做到这一切，你会发现，比起一直被他人庇护的过去，现在的人生更快乐、更惬意。

如果你觉得自己的感情尚有余裕，那么不要忘了你爱的母亲。试着去劝说母亲更加自立。

倘若母亲一直把女儿当做自己活下去的理由，一直任由女儿予取予求，这样下去，只会把母亲束缚得失去自由。

通过母亲的努力，女儿得以成功，并实现自立，成长为大人。

虽然只要女儿活着，"母亲的事业"就永远不会废止，但是母亲可以逐渐缩小事业规模，减少营业时间。

一直以来，母亲对女儿倾注了大量的心血和时间，现在，母亲该多关心一下自身了，或许能够就此发现新的乐趣或是结识有趣的人。

母亲可以培养新的兴趣，或是学习新的知识，抑或致力于和父亲加深感情，共度余生。

当母亲愈发自立，她与父亲的关系也会愈发和谐，而父亲可能也会随之形成新的生活方式。

尝试各种事物，发现各种乐趣。母亲发现，不知不觉中，原以为因女儿离开而无法填补的空虚，已经被填补得如此丰富多彩。

第 5 章

满怀感激地"解雇"老妈

致老妈：谢谢您一直以来的照顾

在以上章节，我们讨论了女儿离开母亲，在物理上和精神上实现独立的重要性。

并且我们发现，女儿离开母亲时感到的强烈不安和罪恶感，是因为受到了母亲（出于保护女儿而施加）的"诅咒"。

当然，母亲是女儿重要的守护者，在养育女儿的过程当中，母亲抱着绝不让女儿痛苦伤心的信念。并且，为了让女儿接近母亲描绘的"理想图"，母亲认为有时需要严厉地教育女儿。

母亲总是拿女儿与年轻时的自己比较，把女儿套入母亲自己生活的时代来思考问题。母亲以自己的人生经验为标准描绘出理想图，并想象女儿沿着自己设定的路线走，就能获得幸福。然而大多数情况是，母亲的理想图并不符合现在这个时代。

因此，女儿认为母亲无法读懂这个时代，两者的价值观存在着巨大的代沟。

而代沟则会导致母女之间产生摩擦，本该彼此相爱的母女却互相伤害，关系愈发紧张起来。

可是，不论何种情形，母女之间的爱都不会消失。

母亲从女儿还不会站立的时候就开始反复施加了各种"魔法"，但遗憾的是，对女儿来说，这些"魔法"都变成了"诅咒"，而施加这些"魔法"的初衷，却是为了女儿的幸福。

事实上，正因为母亲想要让女儿获得幸福，才一次又一次认真施加"魔法"。

明白母亲的心理后，**请好好感谢母亲给予你的纯粹的母爱。首先，对母亲说声"谢谢"。**

然后，把那些并未能帮你抓住幸福的"魔法"悄悄还给母亲。你只需牢记"母亲爱我"这一事实就足够了。

女儿长大成人后，便应该自力更生。常常依赖母亲的小姑娘既然已经长大，就该向外面的世界迈进。

在女儿心目中，母亲的存在感日益降低。伴随着这一事实，女儿在外面积累大量经验，很快就会找到人生伴侣，并且和那个人一起生活下去。

对女儿来说，这并非和母亲的别离，而是和新家庭的邂逅。这是任何人都理所当然会遇到的事情。

放下对母亲的过分畏惧

如果母亲对女儿施加的"魔法"尚未解开，那么在女儿心中，母亲的形象依然可怕而巨大，她会感觉母亲操纵着自己的人生方向，是一种不可抗拒的力量。

我们曾反复指出，这种感觉绝对是错误的。

实际上，母亲的"魔法"不过是覆盖在女儿脸上的一层薄膜。而积累了大量经验、能独当一面的女性是能够自己把这层膜揭掉的。

但是，长不大的女性并不知道自己脸上覆盖着一层膜，她们看不清眼前的世界，只能依靠母亲带领前行。

隔着这层膜，母亲的指令在她们眼中有时显得很暧昧，有时不可思议，有时则明显有错误。最重要的是，她们感到喘不上气，看不清周围的情景，等到她们恍然惊觉时，却已经脱离正轨了。

实际上，女儿完全可以把脸上这张让自己喘不上气的薄膜揭掉。

虽然母亲可能会因此责备女儿，可是就算被责备，又怎样呢？你的视野已经变得明亮，呼吸愈发自由，也能看得清周围事物了。

母亲的言论并非神的指示或预言家的预言，那不过是一名普通女性的建议而已。

毫无疑问，母亲作为人生的前辈，女儿应该倾听她的意见。但是假如女儿感到自己的人生正在被母亲的言论束缚，就可以选择不听从。

母亲的言论并非魔法，也不具备诅咒的魔力。

其实女儿只是莫名觉得背离母亲的指令很可怕。那些孩提时代懵懂无知的记忆导致她们产生了这样的想法。

"玩到太晚会遇到坏人""一直不睡觉会有妖怪出现"……长大成人后，还有谁信这种话呢？

首先，请试着淡定地避开不必要的建议和令人心情沉重的评语。然后，逐渐把心中的沉重感挥发掉。

为了防止女儿走上意想不到的道路，母亲会在言谈中竭力唤起女儿的罪恶感。这是大多数母亲会采用的手段。

但是，女儿大可不必为此感到害怕。

因为就算女儿听从母亲的指示，幸福也不见得会降临，说不定还会成为后来母亲唉声叹气的原因。

"为什么要那样做呢？"

"你怎么只顾着自己呢?"

"你为什么总是那么自作主张?"

母亲的言论并非都是高瞻远瞩。有时她们会想到什么说什么,甚至可以认为,大多数情况下,她们都是脱口而出的(毕竟母亲不过是大街上经常能遇到的普通阿姨,这种情况非常正常)。

被母亲脱口而出的话语束缚,无异于害怕转瞬即逝的雷鸣,只会让女儿一直停留在原地。

不要为了这些随口说出的话,而感到迷茫。

因为不论母亲怎么说,也无法对女儿的人生负责。

关于"我必须照顾妈妈"的使命感

母亲历经各种艰辛,精心地照顾我长大,我不能将对我那么好的母亲置之不理。我已经是大人了,必须照顾母亲。

可能有些女儿心中存在着这样的使命感。

女儿当然应该关心母亲。然而,关心母亲并偶尔给予援助,与女儿实现自立是两个不同的问题。

关心母亲。与此同时,还要实现自立。

如果做不到这一点,早晚都会维持不下去。

女儿不要为了照顾母亲而牺牲自己的人生,也不要为了母亲而不顾自己的人生道路问题，导致生活一直不稳定。就算当时没什么问题，最终这些还是会令女儿烦恼。母亲也不会希望出现这种结果。

当年老的母亲离世，政府就不会再支付母亲年金，单身照料母亲的女儿会陷入生活的困窘——这虽然是个比较极端的例子，但是如果不计划好未来，迟早会面临大问题。

而且，即使女儿建立起自己的家庭，仍会发生矛盾。

常常听说有些丈夫太过向着他的母亲（婆婆），而忽视妻子的立场，同样的情况也发生在母女之间。

有些女儿由于太过在乎母亲，因此忽略了和伴侣的关系问题，给伴侣增添负担，或是伤害到伴侣的感情。由于在乎母亲而损害夫妻关系，实在是本末倒置。

既然有了人生伴侣，就该以夫妻关系为中心展开人生。既然早已离巢单飞，就不该让娘家占据太大的生活比重，否则就无法经营好新的家庭生活。

关心母亲和让母亲一直参与自己的人生，是截然不同的事情。

当然，也有一些母亲由于体弱或缺乏经济能力而难以独自生活，但是不能因为这个原因而令女儿放弃自己的人生，毁坏自己的新家庭。

即使母亲强烈要求女儿帮忙或是给予金钱上的支援，

倘若这些超出了女儿的能力范围，女儿也应该直率地向周围寻求帮助，讨论对策。

不要总是一个人背负所有问题，想着"我必须做些什么"。并且，对于做不到的事情，要有勇气直接说"做不到"，这点非常重要。

幸福的条件①："能够爱自己"

不爱自己、无法肯定自己的人，即使不被别人当一回事，也无所谓。

就像随意抛开自己不喜欢的东西一样，这类人会非常草率地把自己的人生搞得一团糟，就算被他人粗鲁对待或毫无诚意地敷衍，也能平静接受。

抱着这样的人生态度，是无法获得幸福的。

如果经常被他人利用、遭遇不好的事情，与其怪罪他人，不如先试着好好思考下，自己到底是怎样对待自己的。

"反正我这种人……"

你是否会对自己抱有这样的情绪？

毫无疑问，你的身心和你的人生都属于是你自己，绝对不能被他人随意利用或侵害。

你人生的主人公是你自己，而不是其他人，并且你也不可能让其他人替你出演。

如果你自己不肯认同自己、肯定自己、爱自己，那你也不可能被他人真心对待。

要想抓住自己想要的幸福，就首先要站在这个出发点。

幸福的条件②："相信自己与他人"

当你能够开始认同自己，想必你就能很自然地明白，母亲与自己是截然不同的人。而在面对家人以外的其他人时，也能看出双方的区别。

每个人都有各自的价值观和思考方式，自己与他人不同是理所当然的，有时双方意见一致，有时则意见不同。

"这个人是这样想的呀。"

"这个人持那种观点啊。"

如此这般，随着你开始理解人与人的不同，人际关系中的摩擦也会逐渐减少。

倘若无法明确自己与他人的不同，遇见和自己持不同观点或者和自己生活方式不同的人时，你就会想要抗拒。

有的人会攻击或冷淡对待与自己价值观不同的人，原因正是在于他无法认同别人的价值观。

如果能扩大交际的对象和场所，与持有各种价值观的人展开交流，那么自己的思考方式也会变得灵活，视野也会开阔起来。

对于他人持有不同观点表示理解，"原来还有那种观点啊"，并把这当做宝贵的学习机会。

因此，重要的是，要像承认、信赖自己的价值观那样，承认并信赖对方。

别人是别人，自己是自己。你有你的自由，同理，对方也有对方的自由。

承认存在各种观点，你就能学会圆滑地处理人际关系了。

幸福的条件③："对周围作出贡献"

当你能够肯定自己的存在和对方的存在以后，就意味着你作为一个持有自己价值观的成年人，又往前踏进了一步。

除此以外，自立的人还应该对周围作出贡献。工作当然是贡献之一，而对自己的家人和其他周围的人，也该有所贡献。

正如母亲温柔地守护你一样，你也应该温柔周到地对待你所珍视的人。在工作中，你不仅要发挥能力、履行义务，还应与周围同事维持和谐的人际关系，并提高你的工作能力。

能帮上他人、让他人高兴，实在是件幸福快乐的事。正因为你已成长为自立的大人，你才有机会感受到这种幸福。

经营家庭、抚养幼小女儿的母亲想必愿意为了家庭和女儿做任何事情，并且什么都能做。而且，当女儿和家人露出笑容时，母亲会感到莫大的幸福。

现在，轮到已经成人的女儿来感受那种幸福了。

被他人需要、被他人喜爱的快乐，与孩提时代单方面索取或接受所带来的快乐相比，性质完全不同。

自立的大人会按照自己的意志为家庭作贡献，从中能感受到从未有过的巨大幸福。

金钱、事业、结婚哪个都可优先发展

当今时代流行着这样的风潮，那就是女性要实现幸福，就必须达成许多目标。

不仅要有工作、做到自食其力，还要攒很多钱、积累经验，同时还要找到优质的男士恋爱结婚，生下可爱的孩子。

许多女人都感到了这些方面的压力。

媒体常常报道一些女性人生赢家，她们完成了以上所列的一切任务。她们的口吻让人感觉她们仿佛轻轻松松就得到了想要的一切，并且差点就要明言，那只是女人理所当然能做到的事情。

工作马马虎虎，没有男朋友，结婚总是定不下来，马上又要过了最佳生育年龄。与这样的我不同，那些人却……

或许有人像这样拿自己和别人作比较，心中倍感空虚。

不光是与新闻媒体上出现的女性人生赢家作对比，当她看到原本和自己差不多的同事找到优秀的结婚对象，或是跳槽到条件更好的公司时，她可能也难以抑制内心的嫉妒。

然而就算失落焦躁、妒火中烧，现状却不会发生任何改变。

如果现在的状况下找不到工作、男朋友或结婚对象，那么除非去新的场所环境主动寻找，否则是不可能找到的。

最重要的是，你要认真思考自己到底想成为怎样的人，为了实现目标，应该先着重发展哪一项。

如果优先考虑工作的话那就工作，优先考虑结婚的话就结婚……登陆代理网站，改变环境，拜托可信的人帮忙介绍，自己去判断并付诸行动。

不要鲁莽地挑战不可能实现的课题，梦想着"一切都同时到手，然后终于能够扬眉吐气、一局逆转、获得幸福"等。

话说回来，由于生育有年龄的限制，如果你想要生育却逐渐接近生育年龄的最后期限，就该把生育排在第一的位置。假如有男朋友，就必须和男朋友讨论自己的人生计划，决定是否结婚。假如没有男朋友，那就自己去找。

既然把结婚和生育排在前面，你在工作和经历方面付出的劳动比重就要暂时减少。工作的话，以后还可以再找。问题要一个一个地解决。

一味地惊慌于"该怎么办？该怎么办？"只会浪费时间。

规定自己要在某个期限内怎样做成某事。毕竟这是自己的人生，需要自己去做计划，并且注意按照计划去生活（当然，很多时候，我们都无法按照计划顺利进行，这才是人生）。

别人是别人，与你的人生无关。人生不能拿来和别人作比较，而且，以后的事情谁也不知道。

请牢牢抓住自己追求的幸福。

不要被媒体上出现的"母女相处模式"愚弄

最近，旅游业和餐饮业以母女为对象，纷纷重磅推出套餐式的项目，展开宣传和销售。"朋友般亲密的母女"等理想的母女相处模式正在被广为宣传。

当你听闻朋友或认识的人开心地描述她们和母亲一起出游的情景时,你可能会深思:"我和母亲关系不好,是不是表示我有什么问题?"

然而我们只能说,母女关系在"不同家庭有着不同的风格",这种问题没有所谓的正确答案。

人与人是讲究投缘的。所以,理所当然地,我们既有投缘的对象,又有不投缘的对象。

即使是母女,也并不意味着关系必然良好。更何况母亲和自立的女儿是两个个性与价值观已经成形的成年女人,因此二者之间不见得就会怎样投缘(反而常常能看到因为太亲密而合不来的例子)。

想必没有人会勉强自己和"总感觉性格不合"的人一起去旅行吃饭吧?合不来就是合不来,把两个人的关系维持在不失礼的层面就够了。这才是成年人的相处之道。

母女之间也是同理。

如果和母亲感情很好,经常一起旅行或吃饭,并且感到很快乐,那你大可和母亲一起出去玩。但如果你和母亲本来就合不来,也没有必要勉强自己。

倘若你觉得自己作为女儿却无法陪伴母亲,并因此感到抱歉,那你可以选择给父母买个双人旅行套餐,让母亲和父亲一起出行,或是买些好餐厅的餐券送给母亲,让母亲能和朋友一起愉快享受美食。

各个家庭情况不同，风格也不同。就算你家的相处模式与广告、媒体上宣传的家庭形象并不符合，也无须为此烦恼。

明明就不是国民应尽的义务，假如你纠结于自己"必须像媒体上的女儿形象那样"，那你只会被无谓的事情折腾来折腾去，你的神经会越来越衰弱，不仅如此，还会浪费大量的时间和金钱。

对母亲而言，外孙和外孙女只是"奖金"

对于三十来岁的单身女性而言，"到底要不要生孩子"是一个沉重的话题。

如果你非常想要孩子，那么尽快找到另一半就是你接下来要走的路。可是，假如你还有许多其他事情想要去做，觉得有没有孩子看缘分，而母亲却单刀直入地催促你，这时你恐怕就头疼了。

如果结婚生孩子，母亲会多么高兴啊。没能让母亲抱上外孙，我是不是没有尽好为人子女的义务……可能有许多人持这种观念，并且感到苦恼。

然而，孩子不是为了别人生的。是否要孩子是由自己与伴侣决定的，其他人完全没有必要参与这个决断。

和工作、结婚同理，应由自己（和伴侣）决定是否要孩子，毕竟，这是人生中非常重要的一个决定。

我们可以换个角度来想，其实外孙和外孙女对母亲而言，就**类似于得之我幸的"奖金"**。母亲能生出女儿并将女儿抚养长大，就已经完全享受过其中的乐趣了。如果还想抱外孙或外孙女的话，只能说母亲有点贪心。虽然这种想法有些任性，但我们还是姑且这样认为吧。既然是奖金，那么做女儿的在被母亲催着发奖金时，想必也不会产生太多的罪恶感。

母亲可能会唠唠叨叨，"某某家的女儿已经生了3个孩子了……"，从而令女儿感到厌烦。要知道，生了孩子以后，可是由女儿来负责养育这个孩子。

有的母亲为了催女儿赶紧生孩子，甚至大包大揽道："没关系，妈妈帮你照顾孩子！"可是，孩子是人生规划中的一个极为重要的问题，女儿不可能轻率地顺势拜托母亲："是哦，那就靠你来照顾孩子了。"

即使母亲说，不要孩子就是"没人性"，可是是否要生孩子是由夫妻决定的，你大可若无其事，把这些话当做耳旁风。

如果对母亲的催促感到厌烦，你也可以选择少和母亲见面,把这个问题绕过去。

如果你决定不要孩子(或者暂时不生孩子),那就严格防止他人介入这件事情,或是扰乱你的心绪。

不完美也没有关系

每个人都有各自不同的天赋资质。人不可能做到一切都很完美,每个人的才能都是有限的。可是,**要想度过幸福的每一天,既不需要完美,也不需要多才多艺。**

综观他人的人生,有些人收入很高,享受着极为丰盈的物质生活;有些家庭则尽管夫妻双方都在工作,却难以维持生计。

能力、运气以及诸多因素都会造成人与人的不同,在日本这个社会,这是我们应该接受的现实。

虽说如此,拥有财富的多少,与幸福的大小并没有直接关系。

笔者是这样想的。如果拥有安静休息的场所,偶尔能和大家一起吃吃饭,与周围人保持良好的关系,那么大多数人都会感到幸福。

积极上进、努力奋斗固然重要。如果不努力,则工作与学习都不会取得进展。

然而，假如你努力奋斗是因为你极其在乎你在别人眼中的形象，希望"别人觉得自己很幸福""别人觉得自己很有能力"，那么不幸就要开始了。

因为世界上有太多的人。无论你怎样努力，你的比较对象都不会消失。

"赢了他，却输给了他。"

如果每天都这样比来比去，只会把自己搞得精疲力竭。其实和别人作比较，在大多数情况下，都不可能简单地判定胜负，因为人们所看重的东西各不相同（明白这一点，也是成为大人的条件之一）。

缺乏自我肯定，心情就会随着比较的结果而起起伏伏。即使在旁观者眼中，这样的人也很悲哀。

收入、学历、朋友的数量、伴侣的社会地位，乃至背包的牌子都要被拿来比较，这种行为毫无意义。

倘若拥有自信，认可现在的自己，就不会产生过度羡慕他人的心情。

既然自己现在健健康康、无病无灾地生活，不论别人是怎样的状态，都不会影响到自己。

我们不知道未来会发生怎样的事情。我们只能感谢自己目前所拥有的，在不损坏自己身体健康的范围内努力奋斗。

只要心灵自由,每天都会快乐

当你在真正意义上脱离母亲,获得自由,并且实现自我肯定时,一言一行都会展示出真实的自己。

那么,就没有什么东西可以束缚住你了。

和那个一直被母亲操纵、难以长大的自己诀别吧,然后拿回自己人生的主动权。

不要再和他人比较,也不要再去嫉妒或羡慕他人。

因为一旦你开始嫉妒或羡慕他人,这种心情就会一直存在,而且会消耗很多能量,令你感到痛苦。

你以锐利的眼光观察他人的状况,一边敏锐窥视,一边在心里衡量着胜败,这样的你就会被有心人注意到。

就算和别人有少许不同,那又怎样呢?

可以说,让心灵自由,才意味着你终于能够摆脱别人的看法,获得真正的自由。

"别人会怎么看待我呢?"

倘若总是关心别人的看法,那就没法选择或者去做自己想做的事情了。这真是人生的损失。

别人不会为你的人生负责,就算是母亲也不能。

人们的价值观各有不同。所以,别人与自己不同是理所当然的。

请一定不要再被别人的意见左右,遵照你自己的意志,做你想做的事情吧。这一点你应该能做到。

请遵照你自己的意志,尽情享受属于你的人生。

作为生活在当代的日本人,这是极为普通、理应被允许的行为。

长寿时代,孝顺母亲的时间还很长

据2013年日本厚生劳动省公布的数据来看,日本女性的平均寿命为86.41岁。单看这个数据,倘若三十岁女性的母亲现在身体健康,那么未来母亲继续保持健康的可能性也很高。

有句老话说:"子欲养而亲不待。"但是在现今社会,人们能够孝顺父母的时间似乎已经越来越长了。

换句话说,母亲的未来还很长。

不要一直抓着子女不放,享受自己的人生,不是更有益吗?

最近的老年人真的非常精神,朝气蓬勃,满是活力。有许多女性明明早已年过花甲,却打扮得很时尚,根本看不出是奶奶辈的人。

也请你一定要帮助你的母亲像这样步入老年。

如果总为子女操心,或是担心外孙外孙女的事情,母亲只会不断衰老。

女儿应该帮助母亲,让母亲能够健健康康、长命百岁、生活自立。

母亲与女儿分离之后,过去完全倾注在女儿身上的精力或许会转移到自己或其他人身上。倘若母亲能够从中感受到意义和乐趣,想必就能保持心态和身体的年轻。

稍微扩大外出的范围,逛逛街,就会发现许多新建的大型购物中心,以及有趣的店铺。

咖啡店、图书馆、电影院、文娱广场……母亲抚养孩子时,想必很多事物都没有充分享受过。

这些设施大多是以女性为对象而建造的,不论是哪个年龄段的女性都能享受到其中的乐趣。

母亲若是和友人一起去玩,应该能玩得很开心。作为已经自立的女儿,可以给母亲提供一些自己知道的信息,或是偶尔给母亲一点小零钱,让母亲高高兴兴。

子女独立以后,母亲便能够享受快乐的每一天。在此期间,女儿只要经营好自己的新生活,一点一点地完成能让母亲高兴的"报恩"项目——工作稳定,和优秀的男士恋爱、结婚,生育子女,那就足够了。

自由会让你有魅力，带来更多的桃花运

如今，你已经做回了你自己，想必你与生俱来的魅力会立刻焕发出来。

这是因为过去那个被塞在逼仄的箱子里、从窄小的窗户向外看的你，开始用自己的脚走路，按照自己的意志与他人交流。

"母亲会怎么说呢？"

"别人会怎么想呢？"

"这样真的能行吗……"

那些了解你的过去，知道你曾藏身于小世界、畏首畏尾地向外看的人们，可能会非常惊讶："原来你是这样的人！"

请试着做你想做的事情，去你想去的地方吧。

说不定你会在那里遇见以前你不可能遇到的人。

到底想穿哪件衣服？

到底想去哪个地方？

到底想选哪个东西？

从日常琐碎开始，形成习惯，按照自己的意志去决定和选择。

当你做回自由的自己，面对过去那个不自由的自己，可能会感到不可思议："我以前怎么会那么痛苦呢？"而这恰恰证明你的人生正在向前迈进。

穿着婚纱向母亲奉上"感谢状"

大家常常能在婚礼结尾看到新娘向母亲献上鲜花的场景吧。这是婚礼的一大高潮。在向母亲表达感激之情的同时,实际上还意味着一场告别,告诉母亲:"女儿即将离开母亲的保护,开始新的旅程。"

在不远的将来,如果你能穿上婚纱,那么,就在那一刻向母亲奉上感谢状吧。

这张"感谢状",同时也是交给母亲的"解雇通知"。

一直以来谢谢您。然后,再见。

这并不表示要对母亲说再见。从我们小时候起,母亲就一直爱护照料着我们,现在我们该对母亲的"职责"说再见了。

您的女儿已经茁壮长大,并且托您的福,女儿得以结婚,拥有新的家庭。

如今我已能独当一面,就算没有母亲的保护,也能靠自己好好生活下去。

母亲,您的职责已经结束了。一直以来辛苦您了。

当然,母亲永远都是女儿的母亲。只不过,可以让占据母亲大部分精力的、守护女儿的事业结束了。

母亲和女儿都是成年女性,有时母女可以变得对等,有时女儿可以先行一步,从而构建二者之间的关系。

在母亲眼中,长大成人、找到另一半的女儿是那样的光彩夺目。

并且,母亲终于从内心深处感到放心了。养育女儿长大,真的是件很棒的事情呢。

尾 声

兼致三十岁女性的母亲

认同价值观的多样性

为了让女儿能够在人生道路上走得更顺利,母亲会提出一些建议;为了保护女儿不受伤害,母亲会作出许多限制。有时,女儿会感到疑惑,但她仍选择遵守母亲的建议,接受母亲的限制。

然而遗憾的是,母亲言传身教、女儿严格遵守的价值观会因时代变迁以及女儿本人的思想变化而产生偏差。女儿越是遵守母亲的教诲,越是感到不自由,苦恼于自己越来越不像自己。

另一方面,当母亲还很年轻,同样作为女儿的时候,那个时代又是怎样的呢?

遵守父母的教诲,行动被严格限制……尽管如此,年轻时的母亲想必也不像她的女儿那样感到痛苦吧。

由于各个家庭的情况以及教育理念各不相同,所以当时年轻女性的情况也各有不同。不过可以确定的是,当母亲还年轻、处于女儿的立场时,那个时代的价值观与她的母亲那一代相比,也并没有显著的差异。

现代社会的三十岁女性要想得到自己想要的东西,已经不能像母亲那代人一样保持"等待"的姿势了。

等待被企业挑选,等待被男人挑选,只要有所克制地温柔微笑,就能被评为"优雅的大小姐",得到周围人的多方关照。现在这个时代已经与过去完全不同了。

生活在当下的女人们,为了得到职位要战斗,为了得到恋人要战斗,为了"捕获"一个条件稍微好点的结婚对象也必须要战斗。

自由竞争是如此残酷,不允许女人有一丝一毫的放松。因为只要稍微掉以轻心,就可能会被别人夺走自己手里的东西——工作的成果、优秀的恋人可能会被夺走,甚至相约共度一生的配偶都有可能被夺走。

然而,就算处于滚滚硝烟,三十岁的女性也不能让他人看到自己的狼狈。

如果他人看到了自己挑衅和激烈的一面,她在别人心目中的女性形象就会暴跌。为了能被周围人喜欢和接纳,女性必须一直保持阳光、可爱、朝气蓬勃、温柔可人的面貌。

光是想象一下就知道，三十岁女性的每一天都艰难得能让人累趴下。

对于一直被周围人守护、结婚后就被圈在家里的母亲而言，她就连自己的女儿到底是在和什么进行战斗，都搞不清楚。

不要束缚女儿，给女儿自由

三十岁的女性因为战斗而感到疲惫。

可是，为了生活，她们不可能止步不前。尽管她们利落地在各个场合演绎不同的角色，然而在深爱的母亲面前，却可能放松下来，显露出疲乏脱力的模样。

笔者想提出的请求是，请母亲这代人不要再鞭策精疲力尽的女儿了。

为什么工作这么辛苦？为什么一直不结婚？

不要再用这些问题催逼劳累的女儿了。

同时也请不要再用"不许""不行""不同意""不原谅"这样的词语束缚女儿了。

女儿已经长大成人，母亲所能提出的建议实际上没有那么多。母亲无须为此感到失落，请积极地去理解当今这个时代的价值观和社会氛围，用目光温柔地守护女儿。

不要勉强女儿低头，强行用母亲的价值观限制女儿的行动，否则女儿可能不得不脱离战线。

如果是乖乖女，尽管明知会很痛苦，却仍有可能接受所爱的母亲的建议。或者会因为母亲的不断施压而自暴自弃："那好吧，都听你的！"然后决然地抛弃一切，无条件地听从母亲的命令。

如果真是那样的话，母女二人就形成了单独的密封舱，她们可能会被时代的浪潮拍打，最终流落到极为糟糕的边境。

您的女儿没有问题

"为什么我女儿结不了婚！"

"肯定是因为我没教好，我的教育方法有问题……"

可能有些母亲会这么想，并因此感到沮丧。但是，这种想法是错误的。

成年的女儿是在自己思考、依靠自己的力量生活。并且，她很清楚自己应该对自己的人生负责。

正因如此，她不希望很可能会早于她离世、对她的人生无法负责的母亲多加置喙。况且，母亲就算不唠叨，也不会造成什么不良后果。

大多数情况下，母亲是无法陪伴女儿走到人生终点的。尽管母亲会感到遗憾，但这是作为生物早已定好的命运。

如果母亲觉得"陪伴不了女儿会心感不安"，担心"我不在了女儿怎么办……"，这恰恰证明了母亲并不信赖女儿（虽然这话听起来很苛刻）。

您的女儿没有问题。虽然她的单身生活比您漫长许多，虽然她看起来一直专注于工作，但是，您的女儿肯定自己好好考虑过。

让早已成人的女儿去决定女儿自己的人生吧，母亲也该享受属于母亲自己的人生了。

当然，女儿未来的人生肯定会经历巅峰和低谷，但这是女儿本人应该思考和克服的问题。

每个人有着每个人的价值观，每个人有每个人自己的人生。

只要理解了这一点，想必母女二人就能做到互相包容、互相守护，保持良好的母女关系了吧。

最后，衷心祝愿女儿和母亲能够各自勇敢奋斗。

五百田达成

樱场江利子

附录一　试着画出属于自己的人生图表

请回顾过往的人生，记下你感到有意义或幸福的瞬间。

通过制作一览表，你可以冷静地整理并思考自己人生中发生的大事。

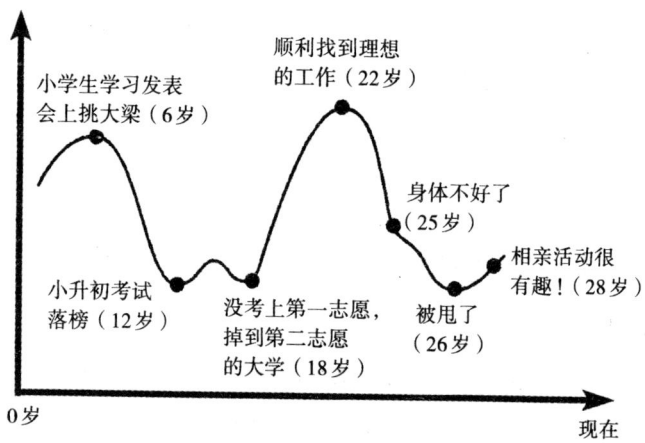

附录一 试着画出属于自己的人生图表 159

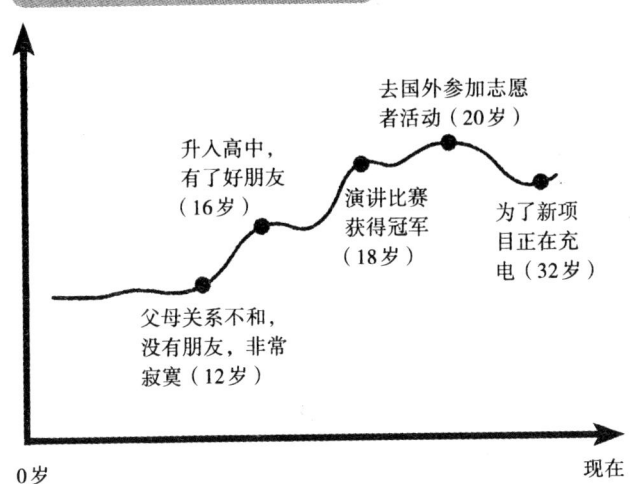

附录二 自己是怎样的人？

你觉得自己是怎样的人？把这些转化为文字，把模糊的自我认识具体描绘出来。

自己的真实形象

〈出生日期〉
〈学历〉
〈工作履历〉
〈相貌〉
〈性格（长处？短处？）〉
〈抚养自己长大的家庭的结构〉
〈与抚养自己长大的家庭的家人之间的关系〉
〈自己引以为豪的事物〉
〈自卑感〉
〈人生观〉
〈口头禅〉
〈未来展望〉
〈其他〉
〈从自己的角度来总结自己的形象〉
①
②
③

〈10年后自己想变成什么样呢？〉
①
②
③

附录三　母亲是怎样的人？

你觉得母亲是怎样的人？把这些转化为文字，让你对母亲模糊不清的认识得以清楚呈现。

母亲的真实形象

〈出生日期〉
〈学历〉
〈工作履历〉
〈相貌〉
〈性格（长处？短处？）〉
〈抚养自己长大的家庭的结构〉
〈与抚养自己长大的家庭的家人之间的关系〉
〈结婚年数〉
〈与配偶的关系〉
〈子女人数〉
〈与子女的关系〉
〈自己引以为豪的事物〉
〈自卑感〉
〈人生观〉
〈口头禅〉
〈未来展望〉
〈其他〉
〈从女儿的角度来总结母亲的形象〉
　①
　②
　③

出版后记

母女关系，可谓是一种十分微妙的关系。交友时，我们大可选择"道不同，不相为谋"这一爽快的决定；但是在与母亲相处时，我们应该采取何种态度？相信会有许多女性会对此感到为难。确实，从我们呱呱坠地到牙牙学语，再到长大成人，这一切都离不开母亲。小时候，我们将母亲视为女神一般的存在。但是长大后，我们不得不重新审视我们与母亲的关系，以及相处方式。

本书的作者之一，五百田达成作为一位心理咨询师，在角川书店、博报堂生活综合研究所任职后，现在东京惠比寿开设了自己的工作室，并设有"恋爱与工作的职业咖啡厅"，旨在为女性们提供恋爱、工作等方面的咨询服务。同时也被誉为"日本最了解女性心理的男性"，受到社会的广泛关注。

另一位作者，樱场江利子曾在牙买加和澳大利亚驻日大使馆中担任人力资源管理一职。现在致力于为日本年轻人的就业与自立提供帮助，并参考自己的育儿经验，在公私领域都为许多女性提供了帮助。

在本书中，作者通过分析现今许多三十岁女性迟迟没有结婚这一问题，发现其原因和她们的母亲有着莫大关系。以此作为切入点，他们进一步分析了当今日本社会中新一代女性恋爱、工作环境的现状，发现造成三十岁女性与母亲关系不顺利的原因主要在于时代的变化。时代不同，社会环境也会有所不同，这一根本性的变化像一条鸿沟，横亘在三十岁女性与其母亲之间。在客观分析这一重要原因后，作者为广大读者们提供了与母亲相处时应该采取何种态度以及方式等建议。

如果现在，三十岁左右的你还没有结婚，每天面对工作或生活压力感到喘不过气，却还要面对母亲的"结婚魔咒"，请翻开这本书，相信它一定会在工作、结婚、与母亲相处等诸多方面给予你很多启发。

服务热线：133-6631-2326　188-1142-1266

服务信箱：reader@hinabook.com

后浪出版公司
2016年4月

图书在版编目（CIP）数据

完美母女关系的秘密 /（日）五百田达成、樱场江利子著；宋晓煜译. ——北京：北京联合出版公司，2016.3
ISBN 978-7-5502-6511-0

Ⅰ.①完… Ⅱ.①五… ②樱… ③宋… Ⅲ.①母亲 - 亲子关系 - 研究 Ⅳ.B843
中国版本图书馆CIP数据核字（2015）第252346号

KEKKONDEKINAI NOWA MAMA NO SEI？
BY TATSUNARI IOTA and ERIKO SAKURABA
Copyright © 2013 TATSUNARI IOTA and ERIKO SAKURABA
Original Japanese edition published by CCC Media House Co.，Ltd.
All rights reserved
Chinese（in Simplified character only）translation copyright © 2015 by Ginkgo（Beijing）Book Co.，Ltd.
Chinese（in simplified character only）translation rights arranged with CCC Media House Co.，Ltd. through Bardon-Chinese Media Agency，Taipei.

完美母女关系的秘密

著　　者：[日] 五百田达成　樱场江利子
译　　者：宋晓煜
选题策划：后浪出版公司
出版统筹：吴兴元
特约编辑：李雪梅
责任编辑：侯娅南
封面设计：7拾3号工作室
营销推广：ONEBOOK
装帧制造：墨白空间

北京联合出版公司出版
（北京市西城区德外大街83号楼9层　100088）
北京嘉实印刷有限公司印刷　新华书店经销
字数100千字　889毫米×1194毫米　1/32　6印张　插页4
2016年6月第1版　2016年6月第1次印刷
ISBN 978-7-5502-6511-0
定价：29.80元

后浪出版咨询(北京)有限责任公司 常年法律顾问：北京大成律师事务所　周天晖 copyright@hinabook.com
未经许可，不得以任何方式复制或抄袭本书部分或全部内容
版权所有，侵权必究
本书若有质量问题，请与本公司图书销售中心联系调换。电话：010-64010019